西餐製備與實習

理論與實務

Western Culinary & Lab

Chyuan Jong-Yu, Ph.D., R.D. 全中妤 著

五南圖書出版公司 印行

自序

　　每當美國影星梅莉史翠普在《美味關係Julie & Julia》一片中，表演烹飪大師Julia Child的料理技術時，時光瞬間拉回到筆者年輕時在Iowa State University餐旅管理系當實習助教（TA）的歲月。我的教授師承Julia Child，所以上課的部分講義都源自《Mastering the Art of French Cooking》一書，那時覺得它好厚好重，但實習課做出來的東西卻好好吃！

　　如今，筆者亦站在輔大餐旅系的講台上，教授「西餐製備與實習（Western Culinary & Lab）」一課，深感責無旁貸。本書之出版目的，在將筆者過去的教學經驗做詳盡的資料整理與書寫，做為教材。專有名詞以英文為主，法文為輔，中文解釋可作為西餐教材，更藉此以饗有興趣的讀者。內容共分13章，內容包括：西餐料理與餐食模式廚師組織與廚具器材、西餐製備原理、廚房的調味香料、高湯／醬汁湯品、蔬菜與水果、沙拉與沙拉醬、開胃菜、乳製品與起司、肉類（牛肉）、禽類與野味、魚類與海鮮、澱粉類主食。

　　深切期盼各界先進不吝指教，謝謝！

金中妤　謹誌

中華民國103年5月

CONTENTS
目　錄

第一章

西餐料理與餐食模式
Western Culinary & Meal Pattern

所謂「西餐」（western meal），其範圍應包含有歐洲文化的西洋餐食，然而各個國家的飲食習慣分歧，常因地理環境與氣候的變化而有所不同，因此造就許多獨特的地方風味（*cuisine*）。西洋餐食的歷史和藝術性一直備受重視，因爲它與各時期的文化、經濟與政治情況密不可分。談起「西餐料理」（western culinary）的起源與演進，就必須先談歷史，若說歐洲的烹飪藝術源自義大利則一點也不爲過。

一、西餐文化的歷史發展

歐洲重要的歷史時期與西餐的演變息息相關，概述如下（表1-1）：

1. 中世紀前的西餐文化（Antiquity；西元前800年～西元400年）

   在這個時期，食物和吃飯主要是爲了求生存，家族世代所沿襲的飲食習慣雖然變化不多，久而久之也漸漸變成一種樂趣。Home cooking在自家廚房演進了好幾世紀，那些最簡單又美味的餐食都來自在地食材，所以有些菜單就直接取用地區性或國家的名稱，如今也被消費者廣泛接受並視同爲地區（或國家）特色菜。

表1-1　西餐文化的歷史發展

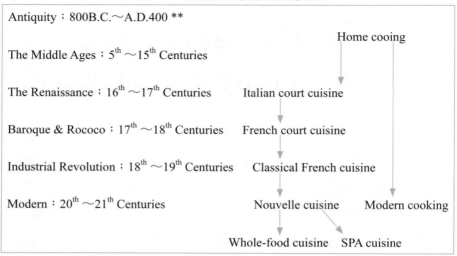

Antiquity：800B.C.～A.D.400 **

The Middle Ages：5th～15th Centuries

The Renaissance：16th～17th Centuries　　　Italian court cuisine

Baroque & Rococo：17th～18th Centuries　　French court cuisine

Industrial Revolution：18th～19th Centuries　　Classical French cuisine

Modern：20th～21th Centuries　　　　Nouvelle cuisine　　Modern cooking

Home cooing

Whole-food cuisine　SPA cuisine

** B.C. = Before Christ;　A.D. = Anno Domini

　　古希臘（西元前800年～西元30年）是歐洲和西方世界文明的根基，至今仍有許多思想常規和創造力都是仿效希臘人的模式。例如：著名的希臘教師／醫師*Hippocrates*（西元前460～377年）是一位很早就提倡健康飲食的推動者，他深深瞭解攝取合宜的食物對身體健康的重要。

　　古羅馬人（西元前753年～西元476年）在統治歐洲時，勢力曾擴展到北非、中東、紅海及波斯灣，他們也向古希臘的名家學習並傳播有關藝術和烹飪的知識，藉此龐大他們的勢力也繁榮商業貿易。古羅馬人將中東以東的地區稱為「東方」，黃金、絲綢、糧食和香料在當時的市場上扮演著重要的角色，可見古希臘人和古羅馬人塑造了「西餐料理」始點，後人也深受他們的影響。

2. 中世紀時的西餐文化（The Middle Ages；5th～15th世紀）

　　當西方世界進入黑暗時代（Dark Ages）時，列強戰爭不但減少了探險活動，烹飪的樂趣更是停頓，只有修道院的修士和修女們保存古羅馬人的食物知識並傳遞烹飪技巧，其中*St. Gallen*修院引領

推動烹飪藝術並且漸漸地發展到家庭中，所以今日從修院流傳出來的瑞士佳餚，在在都反映出傳統習俗與地方的多樣性。

雖然中世紀的歷史對烹飪也許毫無貢獻，但有些修士保藏古代的製酒手稿或乳酪祕方，修女也複製和更新古代的麵包和點心食譜，在漫長的千年間默默地延續烹飪的藝術文化。直到十三世紀末，歐洲人才又開始興起對美食和異國料理的樂趣。尤其是義大利人已經探索到當時所謂的「東方」神祕，藉由商業貿易的發展，富裕的義大利公國開始引入東方文化與食材，發掘並增長烹飪的技術，開始創造第一個正統的西餐料理境界，是為義大利宮廷料理（Italian Court Cuisine）。

3. 文藝復興時期的西餐文化（The Renaissance；16th～17th世紀）

到了西元1500年，學習氣氛開始濃厚並帶動著文化復甦，甚至從義大利傳播到歐洲各地，尤其是佛羅倫斯（*Florence*）不但流行著科學和實驗的氣氛，更促成烹飪料理的發展，深深影響之後的法式料理。

*Pierre de la Varenne*在1651年出版一本《*Le Cuisinier Français*，》書中清楚記錄從中世紀以來法式料理的改變歷程。其中，西元1533年義大利皇室公主*Catherine de Médicis*（西元1519～1589年）下嫁爾後的法國亨利二世（*Duke of Orleans*）時，帶進法國宮廷許多佛羅倫斯的廚師和糕點師傅，更是史上美談。據說香水文化也是因此從義大利萌發在法國發揚光大至今。

4. 巴洛克和洛可可時期的西餐文化（Baroque & Rococo；17th～18th世紀）

十七、十八世紀時，歐洲諸國開始拓展領土並吸收世界各地的奇花異草，因此在法王路易XV（西元1710～1774年）統治時期，法式宮廷料理（French Court Cuisine）到達頂峰，其間充滿著巴洛克浮華的特質。當時的法國處於封建社會，法式料理僅限於國王

和貴族們享用，在這個享樂、貪食的社會裡，吃飯被視為一種娛樂活動，因此會強迫廚師去創作奇異古怪的新料理。

大廚們常在皇室和貴族的宮廷內烹飪並撰寫料理的書籍，記錄他們的烹調技術和食譜祕方，全歐洲最好的法國廚師都被徵召到各國的皇室或貴族之家中任職。由於許多新開發的食譜都是根據名人之名而命，所以他們變成經典法國料理的大使旅遊世界各地，也多虧有他們的記錄，現在人才知道當時這些名廚和菜餚的典故。

5. 工業革命時期的西餐文化（Industrial Revolution；18th～20th世紀）

英國工業革命是人類使用動力的轉捩點，它帶給西方文明許多重大的改變，尤其是科學和技術方面最為顯著，同時也帶動了觀光旅遊產業的發達。十八世紀法國因皇室的好戰與奢侈造成日後財務困難，一場法國大革命推翻了皇親國戚的高牆，大廚們流落街頭。西元1765年，第一家高級餐廳在巴黎開業，推出美味高級的菜餚給貴族和有錢的中產階級享用，瞬間，法式宮廷料理（French Court Cuisine）轉變為經典法式料理（Classical French Cuisine）。

從此一些傑出的菜餚工具書也成為一種烹飪的藝術，例如*Marie-Antoine Carême*和*Auguste Escoffier*所著之《*Escoffier's Le Guide Culinaire*》，最先開始清楚記載有結構的食譜，包括標準食材和製備方法。此書更創造新食譜、開發廚房設備、烹飪器材等，至今不但仍是料理製備的基礎寶典，更是國際飯店和餐飲業廚房的參照標準。

6. 現代的西餐文化（20th世紀晚期至今）

生活型態的改變會影響吃的習慣，相同的，現代的交通發達與電子網絡的暢通，更使得遙遠的異國料理、飲食文化顯得近在咫

尺。近代的廚房料理多根據經典食譜再結合最新的營養資訊和消費喜好而成，尤其是現代人瞭解到「健康」源自攝取均衡營養的日常飲食，所以不同的年齡與多變的生活型態有著不一樣的餐飲模式，例如：

(1) Nouvelle Cuisine：此乃根據classical cooking而來的進階，當大眾享盡傳統大份量的美食後，餐食已不再受限於它的實體結構，而是跨入更自然更藝術性的小份量呈現，廚師的創意是及時的讚賞，雙方追求料理在味覺上和視覺上的完美（perfection in taste & presentation），他們使用更多的蔬菜與水果，菜單設計常取決於廚師的特性和時尚的流行。例如：瑞士料理、米其林（Michelin）或分子料理（Molecular gastronomy）等。

(2) Modern Cooking：此乃延續home cooking的科技發展產品，它符合現代人快速、簡單、低消費額的用餐原則，利用許多硬體設備在短時間內完成量產的烹飪工作，口味大眾化乃現今的餐食趨勢。例如：盒餐、簡餐、速食、便利超商食品等。

(3) Whole-food Cuisine：近年來，美國羅蘭教授（Dr. Loren Cordain）倡導舊石器時代飲食（the Paleo diet），他認為吃天然的食物是健康的，現在正流行的「原始食物」即未經加工過的食物。如今後學者多選擇本地自然且簡單（simple & nature）的食材使用，例如有機蔬果、未經加工過的穀類、無基因改造和無添加物的食物等，不但低碳環保，安全性也較高。有些人也開始減少肉類使用，力行健康與養生之道。

(4) SPA Cuisine：SPA（拉丁文*Solus por Aqua*）乃指健康源自水。自古流行的溫泉美食意即在健康水療的地方，食物準備和烹飪應回到過去的方法：簡單、自然、多水。目的在修護平日疲憊的累積，讓身體放鬆壓力、排除負擔等。例如：water bar, salad bar, sandwich bar, etc.

Culinary

It is connected with or used in the cooking or kitchen.

Cuisine

It is a characteristic style of cooking practices and traditions, often associated with a specific culture.

Gourmet

One with refined or discriminating taste is knowledgeable in the craft and art of food and food preparation.

Gastronomy

It is the study of food and culture, with a particular focus on gourmet cuisine.

Banquet

It is a sumptuous meal given to a large number of guests on festal or ceremonial occasions.

Catering

It is to provide and serve food and drinks for payment at a public or private party rather than in a restaurant.

二、西餐與餐食模式

(一)菜單設計的基本原則

　　大廚在執行菜單設計之前，必須先具備下列資訊：標準食譜規劃、準確的成本計算和市場調查。尤其必須考量：餐廳的類型和員工的專業技術、季節和氣候、顧客的期待、最新的營養資訊和多樣化的產品。當然，製作菜單卡更需注意：菜餚的專業用語（正確的書寫，不要拼錯），正確的描述和著實地廣告訴求。

(二)一日餐食與菜單

　　典型的菜單在食材組成及上菜順序上都有不同的設計，尤其是生活型態、用餐時段或節慶宣傳性。一般而言，一日餐食（daily meals）應包括：

1. 早餐（breakfast; *le petit déjeuner*）

　　早餐是一天中第一個膳食，代表「一夜的禁食（fast）狀態解除（break）了」。各地區或各民族都有不同的飲食習慣，例如：英國人和美國人偏愛大份量的早餐，常以正餐的方式出現，而且非常豐盛。法國人和義大利人則喜歡份量較小的早餐，亞洲及非洲國家則有其他不同的早餐傳統。

　　歐洲大陸最常見的早餐類型（continental breakfast）是小份量的模式，這種早餐包含以下食物：

(1)Beverages：ruit juices、coffee、拿鐵（café latte）、tea、hot chocolate、milk。

(2)Breads：脆皮小麵包（crispy rolls），可頌（croissants），乾麵包（zwieback），toast。

(3)Butter：小份量盒裝的奶油和人造奶油（margarine）。

(4)Jams：小份量盒裝或碗裝的果醬，常與蜂蜜搭配。

(5)Miscellaneous：半熟的水煮蛋、乳酪、冷切肉和麥片（muesli）。

至於美國人和英國人喜愛的早餐（American or English breakfast）習慣以豐盛做為一天的開始，它具備歐式早餐的品項，還包含其他的食物：

(1)Fresh fruit：葡萄柚、蘋果、梨子、香蕉、柳橙等。

(2)Fruit juices：柳橙汁、葡萄柚汁、芒果汁等。

(3)Jams：有果肉的桔子醬（orange marmalade）。

(4)Fruit compote：糖煮新鮮或水果乾；李子、杏桃、梨子、桃子等。

(5)Cereals：玉米片（flakes）和麥片粥（porridge）。

(6)Egg dishes：煎蛋、蛋捲（omelet）、炒蛋配培根或火腿、水煮蛋、渥蛋等。

(7)Meat：烤肉切片、冷切肉、火腿、香腸、豬腿肉、火腿片、羊小排等。

(8)Fish：鱈魚（haddock）、燻鮭魚（smoked salmon）

(9)Dairy products：yogurt、cottage cheese、kefir、cream cheese等。

2. 午餐（lunch; *le déjeuner, luncheon, repas de midi*）

在歐洲大陸各國，午餐通常是一天當中的主餐之一，現今的午餐菜餚比較清淡、簡單，但至少包含下列食物：湯品（或以果汁、蔬菜汁、沙拉或開胃菜取代）、主菜、澱粉類食物、蔬菜類、甜點或甜食。

3. 晚餐（dinner; *le dîner, repas du soir*）

在歐洲的餐廳裡，晚餐是一天當中的另一主餐，正式的請客大餐（dinner）需穿著西裝或晚禮服用餐，供應菜色豐富，至少包括：冷

盤開胃菜或沙拉、湯品、熱盤開胃菜或魚類料理、主菜、澱粉類食物、蔬菜類、甜點或甜食。其間所供應的酒品則依菜單變化而異。

　　如今許多人為了減輕晚間負荷或消化的疑慮，有些季節性的餐館或飯店會提供膳食計劃，以符合現今的營養需求。一份晚餐只包含三～五道料理，精簡不油膩（supper; *souper*, limited menu），服裝不用正式，仿若家庭用餐的模式。

4. 自助式早餐吧（breakfast buffet）

　　飯店裡的自助式早餐吧主要供應住宿客人用餐，菜色品項豐富多樣；類似美英式早餐，惟供餐服務形式不同，除了熱飲是由服務生提供外，其他餐點都需要顧客自助取用。

5. 早午餐（brunch; *bruncheon*）

　　Bruch是結合早餐與午餐的一種餐食模式，它也可以被稱為晚早餐（a late breakfast）或早午餐（an early lunch）。供餐形式類似擴大的breakfast buffet，裡面有各式各樣的沙拉品項、清湯／冷湯、燻鮭魚、肉類菜餚、雞蛋料理、蛋糕、水果派餅和奶油甜點等。Brunch 越來越受到大家的喜愛，也常常提供給周日去教堂做彌撒的教友們，懇親聯誼。

6. 茶點時間（snacks; coffee break, tea time）

　　歐美人士習慣在工作之餘休息片刻（約10分鐘），早上10點有個coffee break，下午3～4點是個tea time。供應形式除適合的飲料外，點心（snacks）最能撫慰辛勞，它也是聊天的媒介之一。

(三)特殊餐食與菜單

　　一般人在特殊的節慶假日時，喜歡嘗試一些不一樣的用餐方式與菜餚。有些人則因為宗教信仰或健康需求，必須有不同的餐飲模式。例如：

1. 節慶菜單（gala menu; festive menu）

　　歐美各地常見許多在地的節慶活動聚餐，例如：家庭聚會（洗禮、生日、婚禮）、職場慶祝（周年紀念日、推銷活動會）、年節（聖誕節、新年、復活節）等。由於當日的gala menu是為了配合特定的慶典盛會，所以菜餚和食物不能平凡普通，場地的佈置、裝飾、音樂和活動也都必須彰顯該節日的特質。菜餚的道數與份量比平日菜單來的多，至少有四道大菜是受大家推崇的，重點是：最好的食材、精緻美味的特色菜、多樣小菜和美酒。

2. 齋戒菜單（fasting menu）

　　某些特定宗教團體仍保持著嚴格的飲食戒律，包括伊斯蘭教（Muslims）、印度教（Hindus）和猶太教（Kosher）。天主教徒（Catholics）也奉行齋戒日（復活節、耶穌受難日），期間舉凡肉類、家禽、鳥獸類多是被禁止的，但允許食用某些魚類、水禽類、植物類、蛋類和乳製品食材，依規定而行。

3. 點菜菜單（*A la Carte Menu*; on the card）

　　法國大革命之後，貴族沒落導致家廚四散在外開餐館。這些獨立存在的餐館為了吸引不同口味的客人，就同時預備多種菜單以供客人選擇，再根據所點的項目計價。

　　在餐廳中服務生提供菜單，客人可以依照自己的喜愛來選菜，方法雖然簡單，但如果不熟悉仍無法完成餐食的組合，所以服務生的提議是有效的。廚房師傅依照點單製作，此種現點現做的模式單價雖較貴，但仍得客人們的喜愛。

4. 套餐菜單（*Table d'Hote Menu*; a set menu with fixed prices）

　　早期的公共餐廳並不多見，所以旅客大都和主人一起用餐，主人出什麼菜客人就吃什麼菜。因此，這種形式的菜單被稱為「主人之桌」（the host's table），現在則以套餐稱之。

　　現在許多餐廳提供套餐菜單，幫助客人規劃餐食的組合。常見大

型餐會或酒宴，點菜之事由主人費心，客人則盡情享用，雖然此法主客盡歡，但常有過剩浪費之虞，而且價格不斐。

5. 法式經典大餐（French Cuisine Menu）

十八世紀法式經典大餐的菜單有十三道之多，菜單的設計已經無法符合現今經濟或營養上的考量，但仍有參考與懷舊的價值（表1-2）。

表1-2　法式經典大餐菜單項目與順序（Courses in French Cuisine Menu）

順序	項目		
1	Cold appetizer	Hors-d'œuvre froid	冷盤開胃菜
2	Soup	Potage	湯品
3	Warm appetizer	Hors-d'œuvre chaud	熱盤開胃菜
4	Fish	Poisson	魚（海鮮）菜
5	Main course	Grosse pièce/relevé	大塊菜
6	Warm entrée	Entrée chaude	熱中間菜
7	Cold entrée	Entrée froide	冷中間菜
8	Sherbet	Sorbet	冰砂
9	Roast with salad	Rôti avec salade	爐烤菜附沙拉
10	Vegetable	Légumes	蔬菜
11	Sweets or dessert	Entremets ou dessert	甜點
12	Savory	Savoury	鹹點心
13	Dessert or sweets	Dessert ou entremets	餐後點心

1：Cold appetizer; *hors-d'œuvre froid*

份量小的冷盤開胃菜，由清爽又健康的食材組成，以刺激食慾的方式呈現，它們的口味必須和諧足以搭配接下來的菜色。通常冷盤開胃菜出現於菜單中，它會是第一道上桌的菜。

2：Soup; *potage*

湯品也許會在一個套餐的開始即上桌，但菜單中有開胃菜項目

時，湯品則是被放在冷盤與熱盤開胃菜之間。它也可以用果汁、冷湯、蔬菜汁取代。

3：Warm appetizer; *hors-d' œuvre chaud*

熱盤開胃菜總是在湯品之後上桌，開胃菜的份量必須考量一個套餐中菜餚的數量，所以開胃菜的設計宜小且巧。

4：Fish; *poisson*

在早期大排場的宴會中，魚類並沒有很特別的地位，可能是不易保存之故。而且魚肉或者海鮮料理在味覺上的確是比瘦肉清淡許多，所以被排在其他肉類菜之前是可以接受的。

5：Main course; *grosse pièce/relevé*

大塊菜常見的是大份量的烤肉類，它不是在顧客面前現場分切，就是在廚房內先切妥，再擺放在大淺盤中足顯份量，盤子通常會有典雅的裝飾圖案以配合菜餚，給予客人視覺上的滿足。

6：Warm entrée; *entrée chaude*

熱中間菜是一些已分切好的其他肉類薄片，它們總是以配菜的方式呈現。

7：Cold entrée; *entrée froide*

冷中間菜的食材包括其他肉類、家禽、野味、魚類、海鮮等，成品以*aspics*、*galantines*、*pâtés*、*terrines*、*mousse*等方式呈現。

8：Sherbet; *sorbet*

在享用7道大餐後，供應用果汁做的冰沙清涼提神或幫助消化，其他*granités*、*spooms*（泡沫冰沙搭配義大利奶油烤蛋白）也是很好的選擇。

9：Roast with salad; *rôti avec salade*

爐烤菜附沙拉仍以烤過的肉類搭配簡單的沙拉呈現，代表主人的豪氣，請客人再一次享用肉品美食。

10：Vegetable; *légumes*

高品質的蔬菜有時候會單獨一份呈現，當作特別的蔬食料理。

11：Sweets; *entremets*

各式各樣溫的、冷的或冰凍的點心都由大廚自己設計，統稱為甜點。

12：Savory; *savory*

這道料理的特色是重口味、份量小且溫熱的鹹點心，例如cheese pastries。Savories搭配雞尾酒或者單獨當點心食用都是很受歡迎的。

13：Dessert; *dessert*

結束一份套餐前，經典的結尾必須包含：乳酪、水果、巧克力。其中的乳酪必須在甜點（*entremets*）上桌前出現，表示供餐即將結束，不再供應了。後來的pastries（*petit fours*）和巧克力則常與咖啡或甜酒一起搭配享用。

在傳統的菜單中，似乎看不到咖啡或茶的供應，有可能是因為飲料類不能算是一道菜來供應。現今的餐飲業將酒品與飲料類（beverages; eye openers）視為營業主項目之一，因為它們是搭配食物的最佳選擇。

通常，用餐前（before meal）建議選用：cocktail、beer、soft drink or mineral water。用餐中（during meal）建議選用：red wine、white wine。用餐後（after meal）則建議選用：spirits、liqueurs、tea or coffee。

㈣宴會菜單的規劃

談到菜單的起源，應始於西元1541年英國布朗斯威克（Brunswick）公爵的記載：那時的法國廚師身上都佩有作業備忘錄（*escriteau*），本用來記錄烹飪材料價錢的清單，後來竟演變成廚房人員

準備宴會菜餚的記事本。法文*menu*有「細微」之意，也許與備忘錄合用成詞，久而久之成了「小小備忘錄」，漸漸地menu也成爲「菜單」的專有名詞。

在廚房中，廚師根據菜單來準備食材，進行生產。在餐廳中，服務生亦根據菜單來進行擺桌的準備，以服務客人。所以宴會菜單的規劃是重要的，除了要有專業的服務生和適當的設施外，宴會的菜單設計需要瞭解不同類型的慶典和受邀嘉賓的資訊，包括來客的人數、每個人的餐食成本、特別菜的要求及其他酒品資訊。宴會菜單設計允許加入多一點的創意及個人看法，另外，專業的服務技巧和場地大小都是需要被考量的。

最重要的是，一定要準備好正確且詳盡的上菜順序，必要流程包括：

1. 在廚房和其他相關的部門張貼宴會編排表
2. 準時擺放食物出菜順序並控管食物遞送流程
3. 張貼人員配置表並提供必要的工作程序指令
4. 與主廚討論菜餚服務的數量和類型
5. 確定顧客數量及第二方案
6. 向廚房及時發佈每道菜的上菜時間
7. 宴會嘉賓的抵達和服務需要開始都必須通報廚房的作業人員

西餐實習菜單

Lab Menu #1

Recipe 1-1: Omelet

Recipe 1-2: Baked Potato w/ Cheese Sauce Topping

Lab Recipe1-1 *Portion: 8*	Omelet		
ITEM#	INGREDIENT DESCRIPTION	QUANTITY	
1.	Onion, diced	100	gm
2.	Bell pepper (green, yellow, red), diced	80	gm
3.	Ham, diced	50	gm
4.	Parsley, fresh	15	gm
5.	Eggs	16	ea
6	Paprika	dash	
7	Salt & pepper	dash	
8.	Unsalted butter (or oil)	60	gm

Mise en place

1. Peel and dice onion.
2. Dice bell peppers and hem.
3. Wash parsley and remove stems. Chop leaves in the hand blender. Used as decoration.

Method

1. Beat eggs in a bowl. Season with salt, pepper, and paprika.
2. Melt butter in omelet pan, and sautéed 1 portion onion, bell pepper, and ham.
3. Put 1 portion egg liquid, and stir until it stars to thicken. Turn the pan to make a circle.
4. Tilt pan and roll the egg circle with a spatula into an oval shape.
5. Slide omelet from pan to plate. Decorate with chopped parsley.

Pieces = pcs; each = ea; gram = gm; milliliter = ml; table spoon = tbsp; tea spoon = tsp

Lab Recipe1-2 *Portion: 8*	Baked Potato w/Cheese Sauce Topping		
ITEM#	INGREDIENT DESCRIPTION	QUANTITY	
1.	Potatoes, small, old	8	ea
2.	Cheese sauce	8	tbsp
3.	Bacon	50	gm
4.	Parsley	as needed	

Mise en place

1. Scrub potatoes, freeze for 1 hour.
2. Heat oven to 220°C.
3. Fry bacon until crisp. Drain and crumble.
4. Wash parsley, remove stems, and chop leaves.

Method

1. Bake potatoes at 220°C for 40-50 minutes or until done.
2. Use paper towel to protect hands from heat, roll potatoes between hands to make inside texture light and mealy.
3. Cut crisscross slit on top, and gently squeeze lower part to force potato up through slit.
4. Top with cheese sauce, bacon, and parsley.

Pieces = pcs; each = ea; gram = gm; milliliter = ml; table spoon = tbsp; tea spoon = tsp

西餐製備與實習

第二章

廚師組織與廚具器材
Kitchen Brigade & Utensils

　　「組織」是一種組員與工作之間的分配組合以方便行事。餐飲業者會將人事與工作編列完整（working team）形成一個組織（表2-1）：一是在廚房（kitchen）擔任製作的工作，另一則是在餐廳（restaurant）擔任服務的工作。由於廚房是一個刀、火、水、電並存的環境，只有經過訓練的組員才能擔此重任，因此業者習慣賦予他們另一種具有特殊任務的角色，稱他們為「kitchen brigade」。

　　表2-1　餐飲業組織編列（restaurant's organizatonal chart）

餐飲業者***Owner*** Director of Operation General Manager

Dining Service 餐廳服務 Host/hostess (*Maitre d'hôtel*) Captain Wait personnel Bus staff	***Kitchen Brigade*** 廚房製作 Head chef Sous chef Cooks Apprentices Service annexes

017

一、廚房的組織架構

每一個廚房會因不同的需要而有不同的組合,影響廚房組織架構的因素約有3項:

1. 菜單內容(menu)

菜單是餐飲規劃的基礎,不同的菜單需要購置不同的設備與器材,更需要招募不同能力或經驗的人來生產與服務,否則無法實現菜單的原始構想。

2. 硬體空間(equipment & space of kitchen)

每家餐廳每天所需服務的客人數目不同,所以每天應準備的供應量亦不相同。供應量較大者就可以將工作專門化;亦即每個人只做一種相同的工作,否則設施的空間與規模將增大。

3. 營業組織架構(type & size of establishment)

國際餐飲協會(NRA;National Restaurant Association)將餐飲的組織架構分兩類:commercial operations & non-commercial operations。商業性以營利為目標(for-profit),非商業性則另有因由。因此,組織的行事方針也就會有所不同。

二、廚房的生產模式

每一種廚房都會因生產方式的不同,而有不同的設計。廚房生產模式與其成本或業績相關,約可分為下列4種(Unklesbay, et al., 1977):

1. Conventional Foodservice System (traditional kitchen, restaurant-type operation):傳統生產模式多為現點現做,不但器材設備多,廚師更需要多才多藝才能實現生產。現今流行的open kitchen亦是

賣點。

2. Centralized (commissary) Foodservice System (central kitchen plus satellite/remote dinning centers)：中央廚房系統主要在量產熱餐，以提供眾多消費者同時的需求，例如中小學的營養午餐。熱餐製作後先桶裝、運送、再分送至各教室內使用。

3. Ready-Prepared Foodservice System (cook-chill system, cook-freeze system)：現成食品系統是現今連鎖餐廳的主要供應模式，其中速食業（fast-food kitchen）亦是一例。中央廚房將生產的半成品冷藏或冷凍運至用餐地點，經過在地廚房的加熱、熟製、處理後再供餐。

4. Assembly-Serve Foodservice System (convenience system)：便利系統是在中央廚房將食物熟製後，先個別小包裝再冷藏／冷凍，以符合便利超商消費者的需求，購買攜帶後再自行加熱使用。

三、西餐廚房員工職位編列與工作內容

廚藝課程（culinary education）是每位準備擔任廚師職位者必須先接受的課程與實習訓練，職位的名稱有高有低；一如軍階，它是被相關單位授予並保護的。著名的法國藍帶國際廚藝餐旅學院（*Le Cordon Bleu*）目前有30所學校分布在世界15個城市中，號稱全球最大的餐旅學校。其廚藝證書及烘焙證書獲得世界各國承認，甚至跨校提供MBA國際飯店與餐廳管理學士／碩士課程與文憑。類似型式的美國Culinary Institute of American（CIA）亦不同小覷。

一般而言，學習者須接受至少3年的學徒訓練（apprenticeship），經過考試測驗合格後才能成為廚師（cook），若經過更多的學習訓練，通過測驗合格後才能成為主廚（chef），直到取得學術

文憑（diploma）外加專業認證（certification），才能勝任行政主廚（executive chef）之職。至於職位編列與工作內容請參考表2-2。

　　臺灣為強化廚師證書之運用管理，鼓勵餐飲從業人員持續接受食品衛生安全教育，以提升臺灣的餐飲衛生水準，透過新版「中華民國廚師證書資訊管理系統」（2013）可查詢各項相關訊息。

表2-2　西餐廚房員工職位編列與工作內容（duties of kitchen staff members）

職位	工作內容
Executive chef with diploma; culinary degree (*Chef de cuisine diploma*) 行政主廚，負責所有廚房的生產與管理業務	準備員工名冊及分配工作；設計／規劃訂餐菜單；掌管採購事宜；控制成本預算；負責培訓學徒、衛生安全管理、菜餚製作及成品呈現、與客人交誼增加業績
Dietitian (*Diététicien*) 營養師	建議並提供客人特殊飲食和營養需求；特殊飲食的菜單設計和成本計算
Sous chef; second-in-command (*Sous-chef*) 第二大主廚，掌管熱廚房的生產作業 又稱「叫菜人」（*Aboyeur*）	替代臨時缺席的行政主廚職務；負責培訓學徒；時常協助專職廚師，替補人力不足的區塊；在出菜口負責收點菜單、叫菜、出菜
Station chefs　（*Chefs de partie*） 專職主廚（負責督導至少一名助廚）	Sauce chef/cook (*Saucier*) 準備醬料、肉類、野味、家禽、魚產和熱的開胃菜
	Broiler chef/cook (*Rôtisseur*) 負責準備大塊燒烤／爐烤肉類、菜餚和油炸產品
Station cooks　（*Cuisiniers de partie*） 專職廚師（無督導助廚之責）	Fish chef/cook (*Poissonnier*) 準備魚類和海鮮食品的製作
	Vegetable chef/cook (*Entremetier*) 準備湯、蔬菜、馬鈴薯、麵食、起司和蛋類菜餚；準備SPA溫泉美食、健康餐食／飲品和素食菜餚

職位	工作內容
Pantry chef/cook (*Garde-manager*) 冷廚房主廚	督管冷凍室和冷廚房所有食品的準備：*Butcher* 準備肉品的冷藏前處理；*hors-d'œuvier* 準備沙拉、冷開胃菜、醬汁和涼菜
Pastry chef (*Pâtissier*) 烘焙房主廚	準備所有的糕餅和甜點生產，有時也包括熱餐及熱麵食的準備
Independent chef (*Cuisineur seul*) 獨立作業主廚	*À la carte chef* (*Restaurateur*) 專業的餐廳中，專職主廚負責 *à la carte* 的準備與供應服務
Swing cook (*Tourant*) Duty cook (*Chef de garde*) 替代廚師	聽命於行政主廚的安排，協助或替補人力不足的區塊，常擔任前製工作或簡易菜餚的製備
Assistant cooks (*Commis de partie*) 助廚	工作經驗資淺的廚師，聽命於專職主廚的分派
Apprentices (*Apprentis*) 學徒	廚房培訓或學校實習，期能成為廚師
Staff cook (*Communard; cuisinier pour le personnel*) 員工餐廚師	在大型的餐飲機構內，準備員工餐食
Service annexes 廚務人員	*Argentier* 洗滌、擦拭保管銀器 *Vaissellier* 洗滌餐具器皿 *Plongeur de batterie* 洗滌廚具器材

四、西餐廚房員工的服裝

　　廚師的制服是一種傳統的專業象徵，也是一種職業上的義務。因為整齊乾淨的廚師代表其製餐的衛生，食品是安全無汙染的，所以世界各國的衛生單位都會強制規定廚師須穿著乾淨的制服，亦鼓勵勤於洗滌。此外，整齊劃一的穿著也代表團隊（kitchen brigade）的精

神，方便行政主廚的管理與指揮。

廚師制服（chef's uniform; chef's whites）除了基本的廚師衣與廚師褲之外，尚須包含廚師帽、領巾、擦手巾以及廚師鞋。

1. 廚師衣（jacket）

傳統的廚師上衣是白色雙排扣（white double-breasted）；象徵衛生，質料多為棉織品以方便洗滌。通常，廚師衣的質料較厚，為的是可以保護身體以免受到燙傷或燒傷。有些飯店會以使用布扣或黑扣來代表階級的高低。

2. 廚師褲（pants）

傳統的西餐廚師褲是白藍相間格子花樣（checkered）的設計，好處是工作中若沾到醬料，不會看得很明顯。有些飯店會以穿著黑褲或格子褲代表職位的高低。

3. 廚師帽（toque）

戴廚師帽的本意是用來吸收頭部的汗水、避免頭髮沾到油煙、水蒸、氣味，防止廚師的頭髮掉在菜餚上，阻止廚師無意識地用手去搔頭皮等。由於廚房是熱的，所以高帽頂用網布製，讓高聳的帽身形同煙囪排出熱氣。為了撐高廚師帽，製帽業者常使用百褶與漿燙的方法。其實，高聳的廚師帽也是用來代表職位的高低，目前只有主廚的帽子是高的，其他的廚師就不一定在工作時適用了。

4. 領巾（cravat）

脖子上圍領巾的本意是用來承接從額頭或頸部流下的汗水；必要時也可用來擦拭臉部的油漬。基於衛生，廚師每天工作完畢後都必須更換領巾。有些飯店會以領巾的顏色來代表職位的高低，例如：白色領巾是行政主廚或主廚的代表，紅色領巾是第二大主廚（*Sous chef*）的專屬，助廚或學徒多使用黃色領巾。

5. 圍裙（apron）

由於廚師所處理的食物大都有汁液，在快速工作中極易弄髒衣褲，故須用圍裙來做保護。圍裙都用厚棉布製成，約一百公分見方附圍帶。穿著時，圍帶須返圍到前面來打結，比腰圍高一點再固定在腹部的前方，不但不易滑落，更可造成一條可懸掛擦手巾的掛帶。

6. 擦手巾（towel）

在傳統的廚房裡，擦手巾是廚師必備的工具，例如：用它來把持熱鍋柄、拿熱餐盤、擦拭餐盤邊的滴汁等。廚師必須隨時洗手，擦手巾就可以用來擦手。

7. 廚師鞋（shoes）

職業廚師都有專用的鞋子，這種鞋子類似拖鞋，前端用很厚的皮；甚至也有內裝鐵片者，目的在保護腳趾免受到熱水、落刀或重物撞擊的傷害。

五、西餐廚師的廚房準備工作

廚師們在烹飪前的準備工作，法文專業術語*Mise en Place*相當於英文的**Put in Place**；一般稱為「前處理」或「前製」。

Mise en Place

It means "put in place" or "pre-preparation". It is the first step in the preparation of dishes or products.

(一)法國刀；廚師刀（French knife; chef's knife）

專業廚師多有自備的刀具箱，從刀深6吋到14吋皆有之，其中以8吋最為適用。更備有4吋的削皮刀、6吋的去骨刀、12吋的爐烤

牛肉刀，足以應付所有切割工作。法國刀不銳利時，通常用磨刀剛（knife steel）來磨之，主要在磨平刀刃上看不見的小缺口，以恢復原有的銳利。

法國刀通常呈三角形的刀身，刀刃緩緩彎曲到刀尖。可先用拇指與食指抓起刀背與刀柄相接處，測試刀身的重量是否均勻呈水平狀，然後再以「前推後拉」的操刀法檢查是否方便快速且有效率的切割（圖2-1）。

圖2-1　法國刀（廚師刀）

(二)法國刀的握法

正確的握刀方法如圖2-2所示，以拇指與食指抓住刀根部位，其餘三指握住刀柄。法國刀用的最多的部位是靠近刀根的地方，這種握法可以讓靠近刀根的部位出最大的力。

圖2-2　法國刀的握法

(三)法國刀的切絲的方法

法國刀的操刀要領是以刀刃「前推後拉」的動作來切割，原則上推拉的距離越長越好，不但動作較少，也較能控制切片。若右手操刀，左手就必須穩住半顆洋蔥，握洋蔥的五個手指略拱起，讓指尖與刀刃間保有空隙，方便切割成絲（圖2-3）。

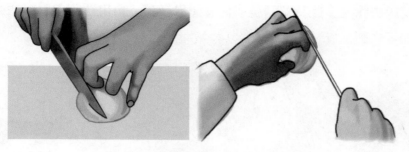

圖2-3　洋蔥絲（*julienne*）的切法

(四)洋蔥丁的切法

　　剝皮修整過的洋蔥若準備切丁，先將洋蔥從頂部至根部切成兩半，取其一半，切面平放在砧板上。從離根部約0.5公分處至頂部之間，持刀直切之，厚度依所需洋蔥丁的大小而定。接著以平刀法，自頂部平切至根部，厚度與直切相同。最後持刀與桌緣垂直，自頂部起從上切之，厚度與直切相同（圖2-4）。

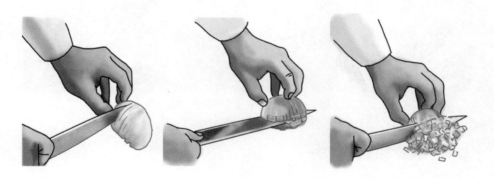

圖2-4　洋蔥丁（dice）的切法

(五)食材切末的壓斬法

　　例如蒜頭或紅蔥頭切末，兩者皆先去除皮膜，方法乃是將法國刀刀身平放於蒜頭瓣或紅蔥頭上，然後以右拳從上捶擊之，如此即可擊

鬆皮膜去除之。此時蒜頭瓣或紅蔥頭已微碎，再用法國刀壓斬法來斬末即可（圖2.5）。

圖2-5　蒜頭或紅蔥頭切末壓斬法

㈥細長嫩莖食材的切法

　　例如蘑菇類的蕈帽切片或其他嫩莖食材切段，多以刀尖使之，不需費力（圖2-6）。

圖2-6　細長嫩莖食材的切法

㈦厚實食材的切法

　　例如西洋芹或蘿蔔切塊或大黃瓜切片，多以近刀根部使之，較能出力切斷（圖2-7）。

圖2-7　厚實食材的切法

(八) 葉菜切絲的切法

　　葉菜類切絲（例如菠菜），可將葉子一片片的疊起來，然後從較長的一邊捲起來成圓柱狀，依所需切絲的寬度下刀切之，散開即成葉菜絲（圖2-8）。

圖2-8　葉菜切絲的切法

(九) 馬鈴薯的切法

　　馬鈴薯先刨去皮，除掉表面的黑點、綠斑後，必須馬上放入水中以免接觸空氣氧化變黑，但泡水不可超過10分鐘，不然有損風味。馬鈴薯片的切片必須越薄越好（呈半透明狀）。至於用於水煮的馬鈴薯（橄欖形），必須把切邊的稜角消除掉成橄欖形，這種旋轉馬鈴薯的切法稱為turning（*tourner*），即旋轉。

六、餐廳廚房的器材設備

(一)小型烹飪器材（cooking tools）

烹調鍋具pots & pans		烹調器具cooking utensils	
Fry pan煎鍋	Low sauce pot燉鍋	Ladles杓具	Presses壓榨器
Crêpe pan小煎鍋	Tall stock pot湯鍋	Lifters炒鏟具	Graters刮磨器
Paella pan雙耳煎鍋	Roasting pan長方型高烤盤	Whips打蛋網器	Slicers刨絲／片器
Sauté pan炒燉鍋	Fish poachers蒸烤魚烤盤	Wooden spoons木杓	Cutters切花模具
Sauce pan炒醬鍋	Braising pot煎燉鍋	Spatulas翻鏟具	Butter curler奶油切花器
Sauce pan (high sided) 大量煮醬鍋	Braising pan with lid 煎燉鍋加蓋	Forks叉子	Specialty knife 雕刻刀
Pressure cooker壓力鍋	Nonstick fry pan不沾鍋	Tongs鉗子／夾子	Pastry tubes擠花嘴

(二)蔬果前處理區（vegetable preparation）

Rack for root vegetables 根莖類蔬菜架	Platform truck 平台推車
Vegetable cutter & attachment rack 蔬菜切割器與附屬欄架	Mobile storage containers, racks 移動式暫存籃架
Peeler 削皮機	Mobile mixing bowls 可動式攪拌碗

Cleaning sink & drain boards 清洗槽與滴水板	Work table with storage for small utensils 可儲存小器皿的工作台
Waste disposal 廢棄物棄置區	Wire baskets 金屬籃架
Knife rack 刀架	

(三)肉類前處理區（meat preparation）

Meat block 切肉板	Tenderizer 肉槌
Butcher's bench 屠宰台	Saw 鋸子
Chopper & grinder with tamper 肉類切割器與絞肉機	Sink & drain board 水槽與滴水板
Overhead conveyer 輸送帶	Work table with drawer 抽屜工作台
Knife rack, tool rack 刀架，工具架	Utility cart 多用途推車
Molder or patty machine 肉餅模型機	Breading equipment 裹衣處理器具
Slicer 切片機	Mobile tables 移動式桌子

(四)熱食製備區（cooking section）

Ranges, griddle, broiler, salamander 瓦斯爐台／煎板爐／碳烤爐／明火烤箱	Refrigeration & low–temperature storage 冷藏庫與冷凍庫
Deep–fat fryer 油炸機	Knife rack 刀架
Roast ovens 烤肉爐	Mobile or fixed bins 移動／固定式儲貨箱
壓力蒸氣鍋（steam-jacketed kettle）	Sink & drain board 水槽與滴水板
Steam cookers & drains 蒸櫃	Work tables 工作桌
Hood with lights & removable filters 抽油煙罩	Electrical outlets for equipment 電源插座
Utility carts 移動式籃架車	Fire extinguisher 滅火器
Mixer 混合器／攪拌機	Garbage cans on dollies 可移動式垃圾桶
Pot rack & attachment storage 鍋盤架	Utensil shelves 工具架

Cook's table with spice bins & small equipment drawer 廚師調理台（含香料箱及小工具抽屜）	Hot food table, *bain marie*, or mobile hot food cabinet熱食供餐台／雙層保溫鍋／移動式保溫櫃
Can opener 開罐器	Mobile dish storage, heated 熱餐盤保溫車
Scale 磅秤	Slicer 切片機
Fat filter 油渣過濾器	

(五)快餐與早餐製備區（short-order & breakfast preparation）

Griddle 煎板爐	Broiler 碳烤爐
Equipment／ tool storage & racks 設備／工具存儲	Storage for glass & paper service 杯子／餐墊存儲
Egg cooker 蛋炊具	Fountain 飲水機
Dish storage, refrigerated, or heated 餐盤儲存、冷藏或保溫	Juice extractor 果汁機
	Malt dispenser 啤酒機
Refrigerator 冰箱	Waste disposal 廢棄物放置箱
Sink & drain board 水槽與滴水板	Glass washer 杯子清洗器
Worktable with cutting board 砧板工作台	Hood with lights & removable filters 抽油煙罩
Frozen dessert cabinet 甜點冷凍櫃	Mobile tables & carts 移動式餐車
Ice cream storage 冰淇淋櫃	Cold pan 冷鍋架
Table mixer 攪拌台	Soup warmer 湯品保溫鍋
Waffle irons 烤鬆餅機	Serving or pickup counter 供應服務台
Toaster 烤麵包機	Iced tea dispenser 紅茶飲料機
Roll warmer 小餐包保溫器	Coffee maker 咖啡機
Slicer 切片機	Cream dispenser 打奶泡機
Pastry cabinet 糕點櫃	Butter dispenser 奶油擠壓機
Hot plate 熱煎板	Beverage mixer 飲料製造機

Carbonator & CO2 tanks 汽水供應設備	Soft ice cream mixer 霜淇淋攪拌機
Ice bin 儲冰槽	

(六)前菜冷盤與海鮮製備區（*garde manager* & seafood preparation）

Serving counter 供應服務台	Table & mobile carts 移動式餐車
Cold pan 冷鍋架	Waste disposal 廢棄物放置箱
Ice bin 儲冰槽	Reach–in refrigerator 冷藏櫃
Slicer 切片機	Utensil & tool storage 餐具存儲
Cold plate refrigerator 冷盤冰箱	Seafood bar 海鮮吧台
Dish storage & refrigerated 餐盤儲存與冷藏	Sink & drain board 水槽與滴水板

(七)宴會備餐廚房（banquet kitchen）

Service bar 供應服務吧台	Dumbwaiter or elevators 菜梯／送餐電梯
Refrigerator salad storage 沙拉冷藏存儲	Waste disposal or garbage facilities 廢棄物處理或設施
Tray storage, mobile or fixed 移動或固定式托盤架	Ice cream storage & fountain 冰淇淋與飲用水
Hot food trucks 熱餐食推車	Mobile equipment 移動式器材
Hot food storage 熱食保溫存儲	Supplies 雜項用品
Setup counters 佈置櫃台	Dessert storage 甜點存儲
Dish & glass storage 餐具／杯具存儲	Banquet equipment storage 宴會器材
Roll warmer 小餐包保溫器	Can opener 開罐器
Linen storage 桌布／餐巾存儲	

(八)沙拉與三明治製備區（salad & sandwich preparation）

Refrigerated storage with tray slides盤架式冷藏儲存	Mobile racks 移動式盤架
Mobile storage containers 移動式儲存容器	Worktable with utensil drawer & tray shelves具抽屜與托盤架之工作台
Mobile dish storage 移動式餐架	Toaster 烤麵包機
Spice & dressing containers 香料與調味料容器	Electrical outlets for slicer, toaster, juicer, etc.切片機、烤麵包機、果汁機等之電源插座
Mixing bowls 沙拉混合碗	Can opener 開罐器
Cutting boards 砧板	Bread cabinet 麵包櫃
Food cutter 切割刀具	

(九)烘焙區（bakery）

Baker's bench with spice bins & utensil drawer工作桌（抽屜附香料盒及器具）	Electrical outlets for mixer, roller, proof box, scale, warmers, etc. 攪拌機、滾圓機、發酵箱等之電源插座
Mobile bins 移動式食材車	Dough roller 麵糰滾圓機
Work tables 組合式工作台	Dough trough 麵糰中間發酵槽
Wooden tables for cutting & makeup 分割整型用工作桌	Proof box with humidifier 麵包最後發酵箱
Scale 磅秤	Sinks & drain board 水槽與滴水板
Mixers & storage for bowls & attachments攪拌機與附屬器材的儲存	Refrigerator & low–temperature storage 冷藏庫與冷凍庫
Bowl dolly 攪拌缸加配輪腳	Dough retarder 冷藏緩發酵箱
Hood with lights & removable filters 抽油煙罩	Mobile racks & storage shelves 移動式存儲貨架

Tilting steam kettle, water faucet, drain 壓力蒸氣鍋（SJK）	Doughnut machine & fryer 甜甜圈機與油炸機
Oven 烤箱	Power sifter 電動過篩機
Mobile mixing bowls 移動式攪拌缸	Mobile dish storage 移動式餐具存儲
Molder 整型壓模機	Utility carts 工具電源車
Marble–top table 大理石降溫桌面	Landing racks, mobile 移動式出貨推車
Batch warmer 保溫加熱器	Pastry stove 點心製作爐台
Can opener 開罐器	Bread slicer 麵包刀
Dough divider and rounder 麵糰分割整型機	

(十)餐盤器皿清潔區（dishwashing）

Collection area, busing port, or conveyor for soiled dishes 接收台或髒餐盤輸送帶	Adequate light 適當燈光
	Mobile storage, glasses, cups, etc. 移動式玻璃杯具的存儲
Soiled–dish table with scrap block, waste disposal sorting space, & storage space for cups, glasses, silver 接收台、殘餘物與髒餐具分類堆放	Cart space 手推車空間
	Storage for detergents & cleaning materials 清潔用品與器具儲存
Dishwasher with detergent dispenser and rinse injector, water softener,	Sink & table for glass washing 玻璃器皿洗滌槽及桌子
Booster heater, hood, hose for cleaning, and rack return 洗碗機的洗滌、清洗、熱水、消毒等設施	Clean dish table or machine extension 清洗盤具存放桌面
	Locked storage for valuable silver 貴重銀器鎖存
Silver washer, dryer, & burnisher 餐具的洗滌、烘乾、磨光等設施	

(士)烹飪器具清潔區 (pots & pans washing)

Pot washer or pot sink (three compartments) tables, overhead spray 烹飪器具清洗等三槽式設施	Pot storage, fixed or mobile 移動或固定式鍋子存儲
	Pot scrubber 鍋子洗滌器 / 刷子
Waste disposal 廢棄物處理	Mobile soiled and clean pot table 移動式髒或清潔的烹飪器具存放桌面

(士)垃圾處理與一般清潔 (garbage disposal & general cleaning)

Garbage cans or waste disposal 垃圾桶或餿水桶	Garbage can storage 瓶罐儲存桶
Garbage disposal area, refrigerated 廢棄物處理（冷藏）	Well–placed floor drains 地面排水溝
Janitor's closet 清潔人員衣櫃	Mop truck and facility for filling, emptying cleaning, and storage 各式清洗工具和存儲空間
Hot water & steam hose熱水 / 蒸汽管	
Detergent & supply storage 清潔劑與用品存儲	Mop sink 拖把槽
Kitchen lavatories, waste container, soap & towel dispenser 廚房與洗手間的垃圾桶、肥皂與毛巾	Drying rack for mops 拖把烘乾架
	Recycling containers 回收用品容器
Adequate storage area 適當存儲空間	Can crusher 罐頭破碎機
Can washer 洗罐機	Baler 打包機

(士)桌布餐巾供應 (linens)

Towel washer & drier 洗毛巾機與烘乾機	Sorting table 分類桌
Soiled linen hampers and bags 骯髒布巾堆積與包裝外送	Linen storage：uniforms, aprons, towels, table linens 清潔桌布、餐巾、制服、圍裙、毛巾等

㈭用餐區（dining areas）

Tables, chairs, booths, settees, benches 桌椅、包廂、長沙發、長椅	Cash register 收銀台
Wait staff service stands, counters, wagons 服務站、櫃台、餐車	Rugs 地毯
Bus stands or tray stands 餐車停放	Adequate lighting 適當照明
Dish conveyors to soiled–dish area, carts, dollies, belt conveyors 髒餐盤接收台或輸送帶等設施	Clean, comfortable air 乾淨舒適的空氣
	Water & ice supplies 水與冰供應
Counters, service, cafeteria, cashier, retail sales, cigar, candy, gift 櫃台、服務禮品台等設施	Condiment and linen supplies 調味品與布巾供應
	Silver, glasses, dishes available 可用銀器、餐具與杯子

㈮酒吧或公共區域（bar or public）

Work boards 工作板	Linen storage 布巾存儲
Sinks 水槽	Supply storage 用品存儲
Ice bins 儲冰槽	Drink mixer 飲料拌合機
Bottle cooler 飲料瓶冷卻桶	Blender 攪拌器
Beer dispenser 啤酒機	Refrigerator 冰箱
Glass & dish storage 杯子與餐具存儲	Back or center bar 固定式吧台
Stools, booths, tables, and chair 板凳、包廂、桌子與椅子	Portable bars 移動式吧台

㈯包廂服務（booth service）

Portable tables 移動式餐桌	Warmer 保溫器
Portable heaters 移動式暖爐	Supply cabinet 用品櫃
Refrigerator 冰箱	Water & ice 水與冰塊

Setup area 配置櫃台	Phone 電話
Dish, glass, and other storage 餐具、杯子與其他存儲	Linen & other storage area 布巾與其他用品存儲

西餐實習菜單

Lab Menu #2
Recipe 2-1: Nachos Supremo's
Recipe 2-2: Spinach & Mushroom Salad
Recipe 2-3: Raisin Muffins

036

Lab Recipe2-1 *Portion: 8*	**Nachos Supremo's**			
ITEM#	INGREDIENT DESCRIPTION	QUANTITY	
1.	Corn chips	220	gm
2.	Cheddar cheese, shredded	80	gm
3.	Cheese sauce	140	gm
4.	Pico de Gallo salsa	3	tbsp
5.	Guacamole sauce	3	tbsp
6.	Jalapeno peppers, sliced	20	gm
7.	Black olives, sliced	5	ea

Mise en place
1. Shred Cheddar cheese.
2. Slice Jalapeno peppers and black olives.
3. Preheat oven 180/180°C.

Method
1. Place half of corn chips on a plate. Add on shredded cheese and the rest of chips on top.
2. Place the plate inside oven for 1 minute or until cheese is melted.
3. Top with cheese sauce.
4. Spread on Pico de Gallo salsa, Guacamole sauce, Jalapeno peppers and black olives all over.
5. Serve hot.

Pieces = pcs; each = ea; gram = gm; milliliter = ml; table spoon = tbsp; tea spoon = tsp

Lab Recipe2-2 *Portion: 30*	**Spinach & Mushroom Salad**		
ITEM#	INGREDIENT DESCRIPTION	QUANTITY	
1.	Fresh spinach	1700	gm
2.	Fresh mushroom	600	gm
3.	Green onion	80	gm
4.	Bacon strips	400	gm
	DRESSING		
5.	Salt	1 1/4	tsp
6.	Sugar	1 1/4	tsp
7.	Dry mustard	3/4	tsp
8.	Ground pepper	3/4	tsp
9.	Garlic clove	4	ea
10.	Olive oil	1 1/2	cup
11.	Lemon juice	6	tbsp
12.	Egg yolks	4	ea

Mise en place

1. Torn spinach into bite size.
2. Slice mushroom, and mince garlic.
3. Dice green onion white part and bacon
4. Separate eggs.

Method

1. In a bowl, combine the dressing ingredients. Mix well and chill.
2. Fry and drain diced bacon on the paper towel.
3. In large bowl, toss spinach, mushroom, green onion and bacon together.
4. Pour dressing over salad green before serving.

Pieces = pcs; each = ea; gram = gm; milliliter = ml; table spoon = tbsp; tea spoon = tsp

Lab Recipe2-3 Portion: 32		Raisin Muffins		
ITEM#	INGREDIENT DESCRIPTION		QUANTITY	
1.	All-purpose flour		1250	gm
2.	Sugar		250	gm
3.	Baking powder		85	gm
4.	Salt		2	tsp
5.	Egg, well beaten		6	ea
6	Milk fresh		1400	ml
7	Oil		260	ml
8.	Raisins		500	gm
9.	Rum		1/2	cup

Mise en place

1. Heat oven to 200°C/200°C.
2. Grease muffin cups. Soak raisins in rum.
3. Sift all-purpose flour.

Method

1. In medium bowl, combine first 4 ingredients.
2. Pour remaining ingredients in another bowl; mix smoothly.
3. Make a batter by pouring liquid into the flour mixture; stir until it is moistened.
4. Spoon batter into muffin cups, filling 2/3 full.
5. Bake at 200°C for 20 minutes, or until golden brown.
6. Run knife around edge to loose; remove from cups.
7. Serve warm in baskets.

Pieces = pcs; each = ea; gram = gm; milliliter = ml; table spoon = tbsp; tea spoon = tsp

第三章

西餐製備原理
Principles of Cooking

　　生活中有些食物可以生食，有些透過加工也能夠食用，但是大部分的食物都必須經過烹調、加熱、熟製的處理，才不會產生消化不良等疾病。因為烹飪可以讓粗纖維軟化、消滅病原或微生物、使食物易於咀嚼、促進消化被吸收。此外，烹調還能夠改變食物的質地、口感、外觀及顏色，產生風味與香氣，增加吃的愉悅感。

　　食物材料的成份非常複雜，與烹飪相結合也是一種物理與化學的變化。不同的烹飪技巧會產生不同的餐食結果，不同的搭配嘗試也會產生不同的意外組合。所以很多廚師都陶醉在烹飪的領域裡，期望不停的測試能帶出新的菜式。

一、食物學基本原理

　　烹飪是一種「加熱」的過程，當食物表面的分子得到熱量時，會帶動水分子振動、磨擦再傳遞給附近的分子，此種溫度差的傳熱推動力使食物整體進入熟化的程度（中心溫度一致）。也許食物本身並不是優良的熱導體，但金屬鍋具的快速傳熱可以加快食物的熟成。由此可見，烹飪是結合食材本身的「內部傳導」與能源的「外部傳導」所產生的結果。

　　常見的「外部傳導」能源除了直接火燒外，空氣當介質的烘烤，水當介質的水煮與蒸氣，油當介質的油炸，其他微波也可以達到烹飪

的目的。雖然加熱可以熟製食物，加熱也會縮小食物的體積，這是因為水份的蒸發與流失，更包括蛋白質與糖份的變性，因此，食物學原理是從事料理的必修功課，只有明瞭原因才能修正錯誤，進而預期成果。

(一)水的特質與功能

無論如何，「水」在烹飪中擔任著極重要的角色。它在不同狀態下有著千變萬化的特質，例如：在沸點時從液體變成蒸氣（steaming），冷卻（condensation）時從氣體變成液體，其間水的蒸發變乾燥（evaporation），還有冰點以下直接從固體變成氣體的昇華（sublimation），此變化易造成食物的凍傷（freezer burn）。若直接從氣體變成固體的再昇華（re-sublimation），就是常見的雪、霜、冰箱冷凍庫的冰。加熱能使冰變成水（melting），降低溫度0°C（32°F）則使水變成冰（freezing）。總之，如何掌握水的變化將有助於食材的管控。

至於在烹飪的過程中水的變化與應用則應有所注意，例如：不論水溫的冷熱，它都有溶解（dissolve）食物原料的功能，只是時間的長短而已。如果是鹽、糖、粉狀食材，常溫的水就可以幫助溶解，但肉類和魚類的骨頭、肉類、香料和藥草、蔬菜、茶、咖啡等就必須靠高溫來帶動水的滲入（infuse）。豆類植物、乾燥蔬菜、乾燥水果、乾燥蘑菇、天然穀物、麵糰、麵糊等需要水來協助擴展與膨脹（expand）。

從65°C到大約120°C之間，水溫的上升可以進行煮、沸、燉、殺菁、蒸、燜等烹飪功能，但須注意可能的營養流失。水可以幫忙溶解、鬆散和移除塵埃微粒的清潔工作（clean），用熱蒸氣消滅細菌（sanitize），在4°C時因密度大，可使冰漂浮（floating ice），還可以加入鹽、糖和酒精使冰點降低。總之，如何利用水的功能將有助於

西餐製備與實習

菜單的研發。

(二)碳水化合物的特質與功能

碳水化合物（澱粉類、糖類）多溶於水（water soluble），不但能加甜（sweeten）還能使食物變成濃稠的膠狀（thicken），尤其是澱粉和可食用的半纖維素及果膠物質。當水沸騰加上酸或糖可使果膠膨脹，冷卻後就會變爲凝膠狀，這樣的特性常被使用在製作果醬和果凍上。將碳水化合物直接加熱會產生焦糖香味（caramel flavor）、風味（aroma）和褐色（brown color），這種特質也常被使用在菜餚與甜點的製作上。

(三)脂肪的特質與功能

脂肪不溶於水但有提升菜餚風味的功能，例如：奶油搭配麵條、馬鈴薯、米飯或蔬菜，不但消除原材料的粗澀，增加食用的潤滑度，更因油脂的香味帶動食慾（improve flavor）。大部分的香料物質都可以溶於脂肪，因此促成產品、菜餚的變化多元，例如讓麵包變軟更有彈性，糕點的質地也會濕潤且細緻。

脂肪比水輕，可以方便撇除高湯和湯品上的浮油。如果用力攪拌，可得油醋醬短暫的融合。做蛋糕或其他糕點時，只有蛋黃中的卵磷脂有促成脂肪與其他水分子的混合（emulsified）。需注意的是，碗和攪拌器必須完全地去除脂肪，才能讓蛋白發泡成型。

脂肪有低熔點（melting points）和高煙點（high smoke point）的特性，在超過120°C時，脂肪會帶給食物焦黃色（browned food），所以油炸食物能快速均勻地變褐色。然而並不是所有的脂肪都可以被用在烘烤、炒、燒烤或油炸中，因爲他們的煙點不同。因此，保存油脂時應避免陽光、空氣、潮濕和高溫，以防油脂酸敗（rapid spoilage）的發生。

(四)蛋白質的特質與功態

蛋白質可因熱而變性，遇高溫時（120°C）變褐色，例如當肉類、魚類或家禽類被烘烤、炒、燒烤、油炸時，會變成褐色並產生香味。蛋白質在不當的環境中迅速變質，因爲具高蛋白質的食物，會因爲酶作用和微生物的存在，使其快速腐敗，分解後的蛋白質可能對人體有害甚至具有毒性。

二、西餐製備方法分類

認識食物學的基本原理後，廚師們會開始學習各種烹飪方法去體認其優缺點。修正再學習是傳統的訓練邏輯，所以長時間觀看，吸收前人的經驗來累積自己的智慧。

傳統的法國料理將烹飪方法分爲乾熱法（火上大塊燒烤、鐵格上小塊煎燒、包在麵糰中烘烤）與濕熱法（沸煮、慢煮）兩類。如果將各種燴菜類一起大鍋烹煮，他們會因材料的多寡比例而有不同的時間與溫度。至於油炸類食物，他們多以奶油（butter）做低溫油炸，以動／植物油做高溫油炸。習慣上，菜餚最後常以焗烤（gratins）或淋肉汁凍（aspics）收尾。

近代的法國料理改以食物材料內的汁液在烹飪過程中的流動方向來做分類，例如：集中式烹飪是封鎖材料本身汁液不外流（油炸、燒烤、爐烤、煎炒、滾水燙），擴散式烹飪則是在加熱過程中容許外界的水份入內（冷水煮、蒸），至於混和式烹飪（燜煮、燜烤）則是結合上述的兩種方法，共同完成烹飪。

現代米其林的星級主廚也將烹飪方法分爲：封住的烹飪方法（指食物內的汁液不外流）與交流的烹飪方法（指食物內的汁液與煮液交流）。更以產品的最後呈色分類，著色的烹飪方法有燒烤、爐烤、

煎炒、油炸、燜烤等，不著色的烹飪方法則有沸煮、蒸、慢煮和燜煮等。

　　另一派的分類則以傳遞熱能的介質當做分類：以空氣為介質者（燒烤、爐烤、烘焙、鍋燒烤、焗），以油類為介質者（深油炸、淺油炸、煎炒），以水為介質者（沸煮、慢煮、蒸、燙煮）。總之，最簡單的烹飪方法分類仍以傳統的最受用：濕熱法（表3-1）、乾熱法（表3-2）。

表3-1　西餐製備濕熱法（Moist Heat Method）

Moist Heat Method	說明
Blanching (*blanchir*) 殺菁、熱燙	將食物在水中川燙到全熟或半熟的程度，在低溫油（130-150°C）中則稱為過油
Poaching (*pocher*) 嫩煮	嫩煮是利用水的低中溫（65-80°C）來控制食物的熟度
Boiling, simmering (*bouillir*) 沸煮，慢煮	Boiling是高沸點的大火煮滾，simmering是近沸點的慢煮
Steaming (*cuire à la vapeur*) 蒸	Steaming是利用水蒸氣將食物熟成，高溫表面呈dry steam，低溫表面呈wet steam
Braising (*braiser*) 燜煮、煨、炆	將炒炸過的肉塊用少量的水、汁液或酒來小火燜煮
Glazing (*glacer*) 上糖油光	油炒蔬果，藉其糖份給予光澤
Stewing (*etuver*) 燴煮	將食材切成小塊，利用蔬果本身水份或醬汁，小火加蓋煮至熟爛

表3-2　西餐製備乾熱法（Dry Heat Methods）

Dry Heat Methods	說明
Deep-frying (*frire*)深油炸 Pan fry淺油炸	Deep-frying 是多油高溫（180°C以上）油炸，pan fry則是平底鍋少油煎炸
Broiling, Grilling (*griller*) 碳烤、烙燒	食物直接接觸火源（電熱管、瓦斯熱管、碳火），高溫（220-250°C左右）燒烤

Dry Heat Methods	說明
Gratinating, *au Gratin* (*gratiner*) 焗	食物直接接觸上方火源，將表面cheese、egg batter、dry bread crumbs等焦熔上色
Baking (*cuire au four*) 烘焙	食物上下接觸高溫／乾熱，在烘焙烤箱中雙面熟成
Roasting (*rôtir*) 爐烤	食物整體吊掛，接觸中溫／乾熱，在大烤箱中四面熟成
Butter-roasting (*poêler*) 淋油低溫爐烤	Butter-roasting 藉淋油、蔬菜水份和低溫，長時間的爐烤
Sautéing (*sauter*) 煎炒燜燒	Sautéing 乃是用少油快速煎炒後，加一點汁液或酒來燜燒

三、西餐製備方法細節

(一)水煮的技巧

　　以水或液體爲傳熱介質的濕熱法有水煮與蒸氣煮兩種。水煮是將食物泡在煮液中加溫煮之，如果食材與煮液的濃度不同，兩者之間就會產生濃度高者往濃度低者傳質，直至兩者濃度相同。所以用淡水煮肉，肉會失去原味，但水會變成肉湯。調製高湯時必須確定食材中的可溶物質是否能被提煉，若需擴散更多的味道給煮液時，食材就應切得細小。相反的，若需保留原味就必須盡量減少食材的受熱的面積，以較大塊的方式煮之。

　　水煮的溫度不會超過攝氏100度，所以絕無燒焦之虞。只是長時間的煮也會將食物煮爛，破壞其原貌失去外觀。食物中的蛋白質若經長時間的烹煮，其組織纖維會收縮擠出肉汁，結果像海綿般乾澀難以入口，師傅訴諸爲煮「乾」食物。所以，易熟的食物應以高溫、短時間煮之，慢熟的食物則以低溫、長時間煮之。

食材特性在瞬間高溫受熱（攝氏100度以上）時，表面的蛋白質會立即凝固，形同關閉的圍牆，使內部的味道無法逸出。表面的澱粉也會立即糊化，使內部的液體無法外流。食材入鍋後只有繼續用中／小火加熱（嫩煮，poaching），直至內部水分子變成水蒸氣膨漲，表示內外均已熟透，水煮餃子、湯圓是明顯的例子。

(二)殺菁的技巧

殺菁／熱燙（blanching）是一種短時間的燙煮方法，燙一下可用來保持蔬菜的清脆與顏色。通常都燒水至沸騰，然後放食材入鍋，水與食材比例約10：1。殺菁通常都不加蓋，免除增溫造成蒸的效果，有些食材會在殺菁後投入冰水中降溫，可保存顏色、脆度與組織彈性。殺菁的工作多發生在前製備區的 *Mise en Place*（前處理／前製），目的在預煮食材至半熟、去除食材酵素、清潔食材外表、移除食材的皮／膜、減輕食材的異味與鹹度、縮減食材的體積。

(三)沸煮的技巧

沸煮（boiling）是一種將液體淹蓋過食材再煮至沸騰（攝氏100度）的烹飪方法。通常使用在較乾硬的米麵類、帶殼蛋、甲殼類、馬鈴薯、豆類及脫水食物等。其中又分兩類：一是從沸水開始煮，例如米、麵、蛋、綠色蔬菜與甲殼類。另一是從冷水開始煮，例如馬鈴薯與脫水食品。

從沸水開始煮麵，不但能使其表面立即糊化不易沾黏，煮好後的咬感也較佳。常用此法沸煮的綠色蔬菜有：朝鮮薊、蘆筍、小包心菜、花菜、菠菜、扁豆等。綠色蔬菜要煮到結實但不硬才好，其間可以加點鹽保色。白色花椰菜則加點醋可由黃變白，紅色包心菜加點醋可以更鮮紅。甲殼類（蝦、龍蝦、小龍蝦、蟹）須從沸水煮起，添加鹽、酒、胡椒、百里香與月桂葉去腥，取肉後之殼可煮成高湯。

㈣水煮蛋的技巧

　　學習煮帶殼蛋（boiled egg）是廚師從事料理的基本起步，蛋如果從冰箱取出後立即投入沸水，蛋殼會破裂，蛋白會流出，所以蛋的溫度必須是室溫。在煮沸的水中加一點鹽（有助於剝殼）後改小火，用網杓從鍋邊慢慢放入水中（直接投入會因滾動而破裂）。從水再度沸騰算起，三分鐘後半熟，五分鐘蛋黃開始凝固，十分鐘後全熟。起鍋後立即用冷水（可加冰塊）冷卻，以免餘溫繼續煮蛋，造成蛋殼的薄膜難剝。降溫後之熟蛋可在水中敲碎外殼輕易剝之。

　　渥蛋、波起蛋（poached egg）是去殼的嫩煮蛋，蛋越新鮮越不容易在水中散開。冷蛋白遇熱會立即凝固成型，所以蛋必須先以冰水冷卻。將高湯鍋加足量的水先煮沸後改小火，以每公升水加一匙醋的比例添加，蛋破殼先盛入碗中，讓蛋從碗邊輕滑入鍋，慢火煮三分半鐘，用漏勺撈起，以手指輕壓測其柔軟度，再放入水中終止熱煮。煮波起蛋時不加鹽，因為鹽會融化其中的蛋白質，不利波起蛋的成型。

㈤馬鈴薯／豆類的煮法

　　馬鈴薯多選用未成熟者，從冷水開始加蓋煮之，其間不可加鹽，因為鹽會析出馬鈴薯的水分，不但難煮，風味亦會改變。煮後的馬鈴薯絕不可沖水冷卻或泡水，因為它不怕餘溫續煮，而且沖水會沖掉外層的澱粉質，有損風味。豆類可視為乾的蔬菜，豆類不但耐煮，而且可以從冷水開始煮起。煮前須先清洗泡水，煮豆的時間依豆的種類和保存時間而定，保存越久越乾硬。

㈥慢煮的技巧

　　慢煮（simmer）是一種水只加熱到偶爾有微氣泡上升而不至於翻動食材的煮法，溫度約攝氏八十度。慢煮不但可使劣質的肉類軟

化，提升其風味，還可減輕烹飪所造成的體積縮小問題。對於脆弱、肉質好的食材，有時亦以慢煮維護之，因水煮食物很適合做冷食的料理。

使用雙層鍋也是慢煮的一種，因為雙層鍋的夾層中有水蒸氣，鍋子不會直接接觸到火源，鍋內溫度最高也不會超過攝氏100度，所以很適合烹調一些易焦化的食材，例如：蛋液、起司、牛奶、醬汁等。壓力鍋在15磅的壓力下，溫度可以提升到攝氏120度以上，烹飪時間約可縮短三分之一。對肉類而言，這種煮法可以提早軟化肉質，對乾豆而言，更能提早鬆軟組織幫忙製備。

(七)蒸的技巧

蒸（steaming）是一種利用水煮至沸騰所產生的蒸氣來熟製食物。由於食材接觸的水量不多，所以味道向外擴散的機會不大，食物保留原味較多。因此，蒸時必須從高溫開始，才能立即封鎖表層，保存原有的營養。

蒸不須擔心因水的滾動所造成的食材變形，不因食材泡在水中而喪失原有的風味或顏色。在西餐中，太肥的肉和魚只適合使用乾熱法製作，因為蒸氣不能融化它們的油質，只會徒增油膩。至於包在塑膠袋中的真空料理（*Sous Vide*，vacuum steam）是cook-chill的另一門食科技術，值得深入研究。

(八)悶煮／燴煮的技巧

悶煮（braising）類似中國的煨、炆法，先將調味的蔬菜放置鍋底，再將全面炒／炸／焦化過的肉塊放在調味蔬菜上，加入適當的煮液（高湯、葡萄酒或醃漬液等）後，加蓋長時間悶煮（攝氏70度）至熟軟。這種烹飪法多使用於筋肉強硬的成年大塊食材，焦化先使肉汁不外流，持續受熱可使肉纖維中心的肉汁因蒸發而膨脹，壓力撐開

肉塊組織形同軟化。

　　燴煮（stew）則是將食材切成小塊，放進蓋過食材的醬汁中，用小火加蓋煮至熟爛的方法。燴煮與悶煮很類似，差別只在燴煮的食材皆切成一口大小，再加入較多的煮液而已。砂鍋（casserole）是燴煮的主要器材，砂鍋（鑄鐵鍋）越厚越佳，可以保持均勻的熱度，再搭配弧形的重蓋，將凝結在上方與鍋邊的水蒸氣沿著鍋蓋流回醬汁中，以彌補煮液的蒸發。相同的，悶烤（poeleing）是將食材放在密閉的鍋中，不加煮液，只加調味蔬菜與奶油，然後放入攝氏200度的烤箱去悶烤的方法，此法適用於烹飪大塊的獸肉或整隻禽類。悶烤的鑄鐵鍋底部越厚越好，只有在鍋蓋上留下小通氣口而已。

(九)烤的基礎理論

　　烤是乾熱法，主要以空氣為傳熱介質，而且不加任何液體去幫助食物軟化，所以只適合烹飪質嫩／多油／多汁的食材。目的在以高溫封鎖食物表層，藉以保存血水的營養與美味。然而，肉塊是個不良導體，烤時其表面所受的熱無法立即傳遞到中心，必須集合眾多的熱才能達到所謂的熟度，因此食材的大小與厚薄會影響烤的溫度與時間。烘烤的基本要領是：大塊食材以低溫／長時間烤之；小塊食材以高溫／短時間烤之。

　　高溫封鎖食物表層的理由：食材受熱時，細胞壁會喪失半透膜的功能，肉纖維蛋白質收縮，導致內部的汁液外流。所以師傅習慣先用高溫少油在爐面將牛排外表烙燒（sear），蛋白質可以凝固形成圍牆把肉汁封鎖（seal）在內部，再將牛排移至烤箱繼續用中溫完成理想熟度（desired degree of done）。

㈩燒烤的技巧

碳烤、烙燒（broiling, grilling）是傳統在炭火上放置鐵格子來烤食物的方法，食物直接接觸下方火源（電熱管、瓦斯熱管、碳火），高溫達220-250°C左右。黑炭塊（或質硬的木材）先燒至無黑煙方可使用，因為黑煙帶有致癌物質，有礙健康。另一種專為焗烤（gratin）而備的明火烤爐（salamander），高溫（攝氏200～300度）熱源來自上方，可將表面cheese、egg batter、dry bread crumbs等食材烤出一層焦溶黃皮，是許多焗烤食品的特色。

一般而言，牛排的生命是肉汁，牛排也許可以小，但必須厚，如此才能留住肉汁。較肥的肉（小牛肉、小羊肉）較適合做燒烤，較肥的魚（沙丁魚、鯖魚、鱈魚等）也比較適合燒烤。豬肉類必須烤到全熟才安全，全雞先去骨壓成平面才容易烤得恰到好處，蔬菜類則以柔軟而且快熟者（茄子、甜椒、洋蔥、香菇、瓜類等）為佳。

使用碳烤爐前，必須先清潔鐵架。可用鐵刷刷洗鐵格子，再用布擦拭乾淨。燒烤前要完成預熱的工作，不管肉塊的肥瘦或大小，最好都要用刷子全面先刷上油。肉要烤到變色才能翻面，以減少肉汁的流失。途中若看到肉塊有燒乾的跡象，可立即用油潤刷，以免焦化。

燒烤後的肉塊表面溫度還會繼續往中心部位傳熱，此乃持續溫加熱（carry-over cooking），流動的肉汁必須等到內部溫度穩定後才會回歸組織中，所以烤後的肉塊必須放置一段時間（rest for 15～30 minutes），食用時切片，組織因保存肉汁才不會乾澀。

㈩爐烤的技巧

爐烤（roasting）是將整隻雞或肉塊吊掛，讓其四面受熱烘烤。古時候的roast多在戶外叉高架起火堆，或在室內的壁爐架上，直接燒烤大塊肉。開放式的戶外燒烤稱為open roasting、spit roasting or barbecuing，烤架的叉軸不斷轉動，所以烤肉的溫度很平均。烤出的滴油又會順著轉動留在外層皮上，色澤焦黃油潤。

(圭)烘焙的產品

將食物放在扁平的烤箱中，以上／下雙方的高溫乾熱稱為烘焙（baking）。歐美人士的副食是麵包，所以麵包（*pain*）是西餐必備的食物。常見的有法國吐司麵包（*pain de mie*）、棍子麵包（*baguette*）或牛角麵包（*croissant*）等。

傳統將處理過的半熟食材用麵糰包著（in crust），再放進烤箱烤熱當主菜吃，菜單上都會註明*En Croute*。如果使用不能吃的鹽或黏土在外皮，則須標註清楚，例如*En Croute de Sel*（in crust of salt），所包之鹽烤乃用粗鹽加一點水來固定。

*En Croute*最著名的代表莫過於*Pâté*和*Terrine*。*Pâté*是將葷或素的餡料包在麵糰中烤成型後當冷盤開胃菜。*Terrine*則是將餡料排列組合在酥皮麵糰中，放進長方形窄陶缽中烤成型後，切片擺盤當冷盤開胃菜。

(圭)油炸的技巧

炸是用油來傳遞熱源，食物放入熱油中炸至熟透可食。深油炸（deep-frying）的油量蓋過食材，加熱在180°C以上。淺油炸（pan fry）則是用平底鍋少油煎炸，油量只淹蓋到食物一半。常用在炸麵包粒（*crouton*），先將麵包切片，切掉外皮後再切粒，平底鍋中先用慢火融化奶油，再放入麵包粒，務使每一粒都接觸過奶油，慢火不停炒之，直至全面金黃。

至於密閉油炸鍋，由於食物散發出來的水蒸氣無法排除，所以會在密閉的鍋內形成壓力（pressure frying）。好處是短時間完成油炸，還能保持更多的水分不乾澀。此方法多用在帶骨的炸雞塊、肉球

或丸子中。

馬鈴薯片／塊宜分段油炸，先以攝氏150～160度炸7～8分鐘呈微黃色取出，上桌供應前，再以攝氏170度的熱油炸2～3分鐘至金黃色即可。好吃的馬鈴薯應先去皮、切塊，泡進冷水中去除表面的澱粉，取出後用紙巾或口布吸乾水分再炸，成品比較脆。如今，大家都稱炸薯條為French fries。

含水量高的食材（小魚、切塊的魚、洋蔥圈、茄子）進油鍋前要沾麵粉（flouring），輕拍去粉後立即下鍋油炸，過多的麵粉可能會傷到鍋中的油質。沾麵包屑（breading）則常用於炸雞塊、魚、小牛排中，先將食物完全擦乾，抹一點蛋液或牛乳再沾麵包屑，冷藏片刻可使裹衣更結實。也有人只沾蛋液和麵粉就炸之，這種coating in egg較常見於油煎產品。至於沾蛋糊（batter dipping）則是將食物擦乾，拍一點麵粉再沾蛋糊，比較不易脫落。沾麵包屑的食物比沾蛋糊者的更脆，也能保持較長時間的口感，適用於預炸或待用的半成品。

深油炸的食物味道會融入油中，下一批的食物會受到上一批味道的影響，所以油炸鍋必須分類使用。調味可以在使用各種沾粉／裹糊油炸之後，以免破壞鍋中的油質。如果食材太厚，應先以低溫炸至全面金黃色，再起鍋移入中溫的烤箱內完成，不過烤箱裡有微量的濕氣，可能風味比純油炸的略差。

㈭煎炒的技巧

煎炒（sautéing）的法文有跳躍的意思，略似中式烹飪的快炒。先將平底鍋加熱（攝氏160～240度），用少許的油把食物快速煎炒後，再加一點汁液或酒來焗燒。廚師習慣將鍋子前後搖動，使食材不停的移位，以免黏住鍋底，等到要翻面時就使勁用力向上拋，sauté之名由此而來。煎炒的烹飪法對於少量的食物是快速且有效的，只要是質嫩的食材皆可煎炒之。因此，食材的大小必須一致，較濕的食

材則必須先沾一點麵粉。在美國，沾麵粉再油炸的方法稱爲「French Fry」，美國南方將pan-fried steak或country fried steak都稱爲chicken fried steak，只是想表明fried steak與fried chicken所使用的方法是一樣的。

西餐實習菜單

Lab Menu#3
Recipe 3-1: Grill German Sausage
Recipe 3-2: Braised Sauerkraut
Recipe 3-3: German Potato Salad

Lab Recipe3-1 *Portion: 8*	**Grill German Sausage**		
ITEM#	INGREDIENT DESCRIPTION	QUANTITY	
1.	German sausages (Bratwurst)	8	ea
2.	Homemade hotdog bun	8	ea
3.	Dijon mustard seeds sauce (black)	80	ml
4.	Braised sauerkraut	600	gm

Mise en place
1. Slice or pierce each sausage top slightly.

Method
1. Broil sausage on the grill rack until lightly brown.
2. Remove from the rack and keep warm in the oven.
3. Split the roll from the center, but leave it hinged on the bottom.
4. Add sausage, sauerkraut, and mustard seeds sauce to taste.
5. Serve it immediately.

Pieces = pcs; each = ea; gram = gm; milliliter = ml; table spoon = tbsp; tea spoon = tsp

Lab Recipe3-2 *Portion: 8*	Braised Sauerkraut		
ITEM#	INGREDIENT DESCRIPTION	QUANTITY	
1.	Vegetable oil	25	ml
2.	Bacon	60	gm
3.	Onion	1	ea
4.	Sauerkraut, drained	375	gm
5.	Beer	1/2	can
6.	Beef stock	180	ml
7	Bay leaves	1	ea
8.	Black peppercorn	1	tsp
9.	White vinegar	20	ml

Mise en place

1. Drain sauerkraut can.
2. Slice onion and dice bacon to shred.

Method

1. Sauté onion and bacon in oil until brown.
2. Add in sauerkraut, beer, stock, bay leaves, white vinegar, and peppercorns.
3. Bring to boil, cover and braise for 20 minutes.
4. Add salt and pepper to taste.
5. Serve with sausage.

Pieces = pcs; each = ea; gram = gm; milliliter = ml; table spoon = tbsp; tea spoon = tsp

Lab Recipe3-3 Portion: 8	German Potato Salad		
ITEM#	INGREDIENT DESCRIPTION	QUANTITY	
1.	Onion	1	ea
2.	Potatoes	1500	gm
3.	Parsley spring	10	gm
4.	Cherry tomatoes	8	ea
5.	Dill pickles, whole	80	gm
6	Lettuce, leaves	8	pcs
	GERMAN DRESSING:		
7	Onion purée		
8.	Mayonnaise	1	cup
9.	American yellow mustard sauce	80	ml
10.	Worcestershire sauce	1	tsp
11.	Tabasco sauce	1	tsp
12.	Paprika powder	1	tsp
13.	Salt & pepper	dash	

Mise en place

1. Cut tomato flowers and chop dill pickles.
2. Wash parsley, and divide 8 twigs.
3. Wash and peel potatoes. Peel and dice onions.

Method

1. Cook onion in a pot with some water until soft, and drain the water. Use a blender to puree cold onion (as onion purée).
2. Steam potatoes. Chop cooled potatoes into chunks ($1.5cm^3$).
3. Pour onion purée and mayonnaise in a mixing bowl. Add mustard, Worcestershire sauce, Tabasco sauce, salt, pepper, and paprika powder to taste. (as German dressing).
4. Mix potato chunks with German dressing. Add chopped dill pickles.
5. Put lettuce leaves on each plate.
6. Put a scoop of potato salad on each plate. Garnish with tomato flowers and parsley twig.

Pieces = pcs; each = ea; gram = gm; milliliter = ml; table spoon = tbsp; tea spoon = tsp

第四章

廚房的調味香料
Kitchen Seasoning Staples

　　所謂kitchen staples泛指在廚房中烹飪時所需要的一些基本材料（raw materials）。除了鹽類（salts）提供鹹味、油脂類（edible fats & oils）幫忙潤滑外，許多蔬果類（vegetables & fruits）亦以其芳香清脆的本質，讓人們得以享受美食。然而還是有一些食物需要外界的協助來修飾缺點，於是芳香類材料（seasonings）跳上舞台扮演著重要的角色。

　　全球各地都有香料與草本植物，這是早期海上探險家所發現最珍貴的物品。從南亞、馬達加斯加、特別是拉丁美洲來的香料都可用來增加世界美食的風味。古代在歐洲修道院的花圃中，都會種上當地的藥草與香料，還會記錄其風味與療效。根據一份調查資料，廚師最常使用的香料依序為：pepper、bay leaves、allspices、thyme、sage、oregano和rosemary。如今瑞士大量種植香料與藥草，輸出到世界各地，美國也全年供應新鮮的草本植物與香料，可見廚師與食客對香料的倚賴性有多深。

一、香料的分類

　　芳香類材料的香味多來自草本植物的天然揮發性油脂（etheric oils）。不同的植物、不同的部位有不一樣的價值，所以廚房常使用的香料約可分為三類：

1. Herbs草葉類香料：plants' leaves、blossoms、shoots、fruits, etc.

　　草葉類香料通常是一年生草本溫帶植物，由種子發芽而成。它們的花、葉、莖及根常被拿來當烹飪調味或醫療材料，個性溫和淡雅，不但容易互相搭配，而且有掩飾不良氣味的功能。

　　草葉類香料（herbs）源自拉丁語（*herba*），意思是藥用類植物。古代的藥用是隨著烹飪而來的，例如西元前500年，蘇美人就用百里香和月桂葉來燉湯且治病。其實香料還具有宗教性與神祕性，例如羅馬戰士認為戴上月桂葉編織的花環可以避免雷擊。

　　草葉類香料的使用因地不同，例如希臘人的小羊肉喜愛用薄荷和羅勒，英國人的豬肉必加鼠尾草，北歐的魚則搭配蒔蘿和茴香，法國菜一定使用蔬菜香料把（vegetable bundle）來熬煮高湯，所以草葉類香料的任務是不容小覷的。

2. Spices辛香料：plants' roots、rinds、fruits、seeds, etc.

　　辛香料多來自熱帶植物，乾燥後的花、葉片、根、莖、樹皮、種子個個味道獨特且具有刺激性，例如桂皮、丁香、胡椒等，所以使用時不易混搭，亦不可過量。辛香料一直被視為珍貴的稀有產物，因此自古以來的香料貿易雖然帶來富裕，卻也帶來戰爭。

3. Aromatic seeds芳香類種子：plants、seeds.

　　芳香類種子亦可視為食材的一部分，使用時以整顆粒呈現，具有裝飾與加味的特色。例如：大茴香籽（anise seed）、葛縷籽（caraway seed）、芹菜籽（celery seed）、蒔蘿籽（dill seed）、茴香籽（fennel seed）、罌粟籽（poppy seed）、芝麻（sesame seed）等。

　　芳香類材料的香味保存不易，只要接觸到過多的濕、熱、空氣和光線都將折損它們的使用期限。所以正確地儲存香料很重要，例如新鮮草本植物（fresh herbs）

　　最好親自栽植，使用時才剪取。若外購則應馬上使用，否則可放在有穿孔的塑膠袋中，直立放在冰箱裡儲存，時間不宜過長。

乾性或碾碎成粉的香料（dried herbs & ground spices）應乾燥儲存並緊密包裝，此類香料可以儲存9個月左右。使用時應適量取出，不可開罐暴露在濕、熱有空氣的環境中，一旦吸水成塊則無法再使用。

　　準備冰凍的草本植物（frozen herbs），可以鬆散地裝在密封塑膠袋中，冰凍在攝氏-18度下至少6個月。另一種傳統家用的保存方法是泡在醋或油裡（herbs preserved in vinegar or oil），未開封的瓶罐可以放上好幾個月。

二、香料的介紹（表4-1）

1. 多香果；百味甜胡椒（Allspice, Jamaica pepper）

　　多香果（圖4-1）是牙買加、墨西哥、大小安的列斯群島及南美所產的熱帶常年樹深紅色果實；直徑約6mm，裡面有很多深棕色的籽。其風味會讓人連想到丁香（clove）、肉豆蔻（nutmeg）及肉桂（cinnamon）的組合，因此有allspice之稱。用途：多香果常用來料理香腸、魚、泡菜、開胃食品與甜點，鹹／甜食品皆適合。

圖4-1　多香果（allspice）

2. 大茴香（Anise）

大茴香原產於中國，屬於parsley家族的一年生植物，晒乾後的種子有四角胡椒之稱，此香料不能與亞洲料理的八角茴香搞混。大茴香不可日照，應放在緊閉的箱子裡保存。用途：大茴香多用在奶油甜點、蛋糕、麵包還有餅乾上。大茴香也是醃製泡菜（pickling spices）的香料一種，也可用來增添香菇類和魚料理的風味。

3. 羅勒（Basil）

羅勒乃「香草之王」，羅勒葉依不同的品種有不同的顏色和柔軟度，例如：淡綠色的甜羅勒、深綠色的九層塔、深紫色的紫蘇等，新鮮葉子的風味還會讓人想起丁香還有肉豆蔻的風味。葉片是羅勒的主要使用部位（圖4-2），有時花和根也可拿來做料理。用途：羅勒常用在沙拉、青醬（pesto sauce）、高湯（vegetable bundle）中，還能陪襯其他香菇、魚、肉、蛋及起司的香味，其中以義大利料理（Italian cuisine）使用最頻繁。

圖4-2　羅勒（basil）

4. 月桂葉（Bay leaf）

月桂葉形狀是長的橢圓形，顏色深綠，乾的葉子容易釋放香味，新鮮的品質亦佳（圖4-3）。用途：多用在*mirepoix, bouquets garni*等製作高湯調味料中，也可用在滷汁、燉煮的肉、野味、蔬菜中。少

量的月桂葉有助於烹飪，多則無益。

圖4-3　月桂葉（bay leaf）

5. 葛縷籽（Caraway seeds）

　　乾燥的葛縷籽呈淡至深棕色，屬於parsley家族，原產於歐洲與亞洲，德國跟奧地利是主要使用葛縷籽的國家。葛縷籽的味道強烈、刺激且有特殊的香味，烘焙師傅常拿來搭配裸麥麵包（rye breads）（圖4-4）。用途：多用在泡菜（sauerkraut）、紅色與綠色甘藍燉菜、燉牛肚或牛肉、烤豬肉、羊肉、起司及鹹式點心。

圖4-4　葛縷籽（caraway）

6. 小荳蔻（Cardamon）

小豆蔻是原產印度的多年生矮叢植物，高約2～4公分，屬於 ginger家族。米色豆莢大小似榛果，裡面有黑棕色小籽可做為香料。但，籽是辛辣的，有火熱的口感，應謹慎使用。用途：小荳蔻常使用在薑餅（gingerbread）、烘培食品、香腸、肉凍餡餅及咖哩料理中。

7. 茴芹；細葉香芹（Chervil）

茴芹會長到50～60公分高，葉子細緻；跟parsley的葉子相似。植物準備開花時有強烈的味道，一如甜的大茴香基調，可以增加沙拉的特殊性，且富含維他命C。用途：可在湯、醬汁、沙拉、魚或家禽、蛋及蔬菜完工後上菜前灑在表面，目的在增添特殊的風味。茴芹不適用熟煮，因為會失去組織鮮脆與芳香。

8. 紅辣椒（Chili Pepper）

紅辣椒原產中美洲，後經航海探險家流傳到世界各地。在許多不同的品種中（capsicum pepper 蕃椒屬），最常見也是最辣的當屬小到約1公分的橘色／深紅色辣椒。辣椒粉有很多種類，其等級與成熟度跟製作過程有關。市面上有新鮮的pico辣椒（chili pequins）、晒乾的椒莢磨成粉（中辣）、晒乾連皮帶籽壓碎磨成粉（大辣）；如果烘烤過的辣椒再磨成粉將會更辣。

紅辣椒粉（cayenne pepper）是一種法屬蓋亞納所產的紅番椒乾製磨成的粉末，裡面加有鹽與其他辛香料，所以非常香且辣，適用於重口味的料理（圖4-5）。

橘紅辣椒粉（paprika）是用一種原生南美洲的橘紅辣椒所製，只用乾燥的果肉來磨的甜辣粉比較溫和（mild）；若使用整粒（籽）磨成的比較辣（hot）。因為它是匈牙利等國習慣使用的辣椒粉，所以美國地區也稱它為匈牙利紅椒粉（Hungarian pepper），代表味甜／微辣／顏色鮮艷的特徵。

圖4-5　紅辣椒（chili Pepper）

史高維爾指標（Scoville Scale）是1912年美國化學家Vilbur Scoville所制訂。現在人們使用史高維爾辣度單位（Scoville Heat Unit; SHU）來測試辣椒所含的辣椒素單位（Capsaicin）高低，例如：泰國鳥眼（Bird's Eye）辣椒的辣度是100,000～350,000單位，墨西哥的Jalape o辣椒的辣度是2,500～8,000單位。

　　紅辣椒與青椒／彩椒（蔬菜用的bell pepper）均屬於蕃椒屬家族（capsicum pepper），跟桌上常用的胡椒粒（peppercorns）是完全不一樣的品種。辣椒的用途：少量的新鮮或乾燥的紅辣椒可以增加料理的美味與食慾。自古以來，辣椒被公認有防腐的功能，不但是醃料中的香料份子，也是咖哩粉的重要成員。但辣椒粉絕對不能乾烤入菜，因爲裡面的糖份經高溫會變苦。

9. 蝦夷蔥；細香蔥（Chive）

　　蝦夷蔥屬於allium家族，原生於歐洲。它有著粉紫色的花，這些花是可食的。中空的綠莖有強烈的味道，富維他命C。蝦夷蔥在開花前就該採收，因爲開花後，其味道會大大流失，蝦夷蔥也有乾製的成品。用途：剪下的蝦夷蔥可切碎，隨意加入乳酪、湯、醬汁、沙拉、開胃菜、魚或蛋的料理中，不但能增加口味，更能給予視覺享受。美國人習慣在烘烤的馬鈴薯上加些酸奶，再搭配蝦夷蔥屑來調味。

10. 肉桂（Cinnamon）

　　真正的錫蘭（Ceylon）肉桂樹可長到10公尺高，屬於常青laurel家族，主要使用的部位是具有香味的樹皮。市售的肉桂條（stick）是從樹幹或樹枝裡，取出黃色到紅色的內皮所製造的，翎管狀則是去外皮後的樹皮，經過乾燥的微捲曲處理，此外還有磨成粉狀的販售項目（圖4-6）。肉桂在歐洲很受歡迎，因為肉桂的甜、辛香、溫和，有著像花一樣的味道。在北美所使用的肉桂（cinnamomum cassia）顏色比較深，味苦微甜，也比較辣。用途：cinnamon用來加在肉類或咖哩料理中，但主要是用來配合甜點與烘培食品的特色。

圖4-6　肉桂（cinnamon）

11. 丁香（clove）

　　丁香樹原產於東南亞的熱帶地區，樹高約10～12公尺。丁香是未開花的花苞經乾燥後的產品（圖4-7），市售丁香可以是整顆的，也可以是磨成粉狀的。丁香精油可以紓解牙痛，主要用途：常使用在燉高湯或做基本醬汁中，多見丁香插入洋蔥中，做成*bouquets garnis*（或放進香料袋中），一起燉高湯。丁香可用來增加蔬菜、燉肉、獵物料理的口感，更能給予甜點或酒品另一種特殊的風味。

圖4-7　丁香（clove）

12. 芫荽；巴西利；荷蘭芹；香菜（Coriander; Cilantro; Chinese parsley）

　　芫荽是parsley家族的一份子，原生於地中海沿岸及高加索山一帶。花是白色的，植物會長至20～60公分高，新鮮的平葉（flat-leaf）味道比較足，常拿來做料理，捲葉（curly-leaf）則常用來當盤飾（圖4-8）。莖部有甜味，常用來燉湯，所以莖部的價值跟葉子一樣。芫荽用途：葉子細切後可撒在沙拉、湯、蔬菜、魚及肉料理上，增添風味。芫荽葉的使用不僅是歐洲的重點，亦被稱為中國香菜，流行於墨西哥及亞洲的料理中。

　　芫荽籽（coriander seeds）用途：小而圓且乾，有類似茴香的味

圖4-8　平葉與捲葉巴西利（parsley）

道，可以整顆拿來或磨成粉放在香腸裡（salami），也會加進芥末、泡菜、甜菜及紅甘藍的醃製中。在滷製或煙薰火腿、獵肉、家禽及羊肉時，也常用到芫荽籽。

13. 小茴香；安息茴香；孜然芹籽（Cumin）

原產於尼羅河上游的一年生植物，一般常見的是乳白色或淡棕色，亞洲市場還可以看到黑色的品種。小茴香跟葛縷籽的味道很不同，但兩者皆屬於parsley家族。德文兩者皆叫做*Kümmel*；法文叫它*cumin*；西班牙稱它*comino*，新疆維吾爾族取名「孜然」，用於調味、增添燒烤食品香氣。用途：小茴香是印度、摩洛哥、墨西哥料理中最受歡迎的香料之一，不但是咖哩粉的材料，更是拿來準備冷菜、泡菜、起司、肉、麵包的主要香料。

14. 咖哩（Curry）

咖哩粉從不辣的到很辣的有數十種之多，主要是由十至二十種不同的香料組合而成。主要的成分有薑黃、胡椒粉、肉桂、丁香、紅番椒、薑、芫荽、小荳蔻、小茴香、肉豆蔻及荳蔻。因為罐裝的咖哩粉很快就會喪失風味，所以在傳統的印度料理中，這些香料都是現磨的。用途：咖哩粉可用來增添沙拉、湯、醬汁、家禽、肉、魚、蛋、米和素菜的風味。

15. 薑黃；鬱金（Turmeric; yellow root）

薑黃是原產於東南亞的百合科植物，這株長得像薑的植物從根部開始旁邊會再長出2～6公分的幼枝，去皮、乾燥、磨碎後使用（圖4-9）。薑黃是亮黃色的，不但類似薑有香氣，還有特殊的辛辣味且微苦。用途：薑黃是咖哩粉的主要成分，具染色的功能，例如伍斯特醬（Worcester-shire sauce）的顏色就是靠薑黃來的。如今現成的咖哩醬（curry sauces）廣為流行，因為大家相信薑黃還有防癌的功效。

圖4-9　薑黃（turmeric）

16. 蒔蘿（Dill）

　　蒔蘿原產於南歐，約長1公尺高，有長著細毛的蕨類葉，也有開黃花的頂部，還有細長的種子（圖4-10）。蒔蘿草有點甜味，會讓人想起茴香。蒔蘿籽（dill seeds）有點苦，味道很像葛縷籽。用途：蒔蘿草主要是用來增添魚、黃瓜、蛋、豆、沙拉、醬汁及馬鈴薯料理的風味。醃製黃瓜（pickle）時也會用蒔蘿籽來增味。

圖4-10　蒔蘿（dill）

17. 茴香籽（Fennel seeds）

　　茴香籽原生於地中海沿岸，植物可長到1～2公尺高，乾燥果實有大茴香的味道，據說成長地區的不同，茴香籽的大小、顏色跟形狀也都不同。茴香籽的味道多樣，從甜到微苦都有。用途：茴香籽可用在麵包、烘培食品、沙拉、滷汁上，也可以用在甲殼動物、米飯還有

馬鈴薯的菜餚上。茴香籽也常常用在義大利麵醬及新鮮的義大利香腸中。

18. 薑（Ginger）

薑原產於東南亞，細長形豐滿的地下莖約20-30公分長。新鮮的薑有水果的甜味，還有一些熱辣刺激味。市售的薑也可以是乾的，整條賣或磨成細碎狀。用途：薑可以增加魚、家禽及肉類料理的風味。薑也可用在湯、醬汁、烘培食品、甜點香甜酒中。

19. 杜松子（Juniper Berry）

杜松子原產於北半球，它是杜松叢裡2～3年生的果子（圖4-11）。杜松子味呈苦甜，有點松香的味道。用途：杜松子常使用在醃漬獵肉／家禽、德國泡菜、醋燜牛肉、烤豬肉、魚高湯及滷汁中。杜松子漿果也可用來做蜜餞，或幫琴酒添香。

圖4-11　杜松子（juniper berry）

20. 馬郁蘭草；牛至（Marjoram）

馬郁蘭草的莖部有很多毛，有橢圓形的小葉，還有小的白色、粉色或淡紫羅蘭色的花。馬郁蘭草會長至50公分高，小葉充滿辛香味，不管是新鮮的或乾燥的，長起來都有點像是百里香。自古以來它被解釋有解毒鎮靜的功能，所以象徵長壽。用途：馬郁蘭草可做花草

茶，常使用在馬鈴薯、碎肉球、燉蔬菜、香腸中，用途非常廣闊。

21. 薄荷（Mint; peppermint）

薄荷是常年生的草本植物，有很多品種，可長到90公分高。其莖微紅色，上面有橢圓深綠色的葉子，葉子上有肋梗，還有粉紅色的花穗。葉子味道很重，有強烈的薄荷味。用途：薄荷醬可用來增添小羊肉及烤家禽的風味，去除腥羶。薄荷跟蔬菜料理一起燉煮特別美味，如：馬鈴薯、豆子、蒜苗、番茄與胡蘿蔔。薄荷可用來裝飾甜點、飲料，也可泡進茶中有清涼的感覺。

22. 芥菜籽（Mustard Seeds）

芥菜籽是甘藍科植物，市面上有三種不同的顏色：棕色芥菜籽比較小且十分辛辣，白色或黃色芥菜籽比較大，味道微辛辣。*Serepta*是印度的芥菜籽，比較小，顏色是灰色的，很難在市場上看到。用途：上述三種都可以整棵或磨碎拿來增添滷汁、烤肉、香腸、煙薰火腿、牛肉／小牛肉、禽類的風味。顆粒棕色的芥末醬（Dijon mustard seeds sauce）或黃色的美式芥末醬（American yellow mustard sauce），都可讓熱狗、香腸三明治加味，若拌上沙拉醬亦可搭配蛋或沙拉的料理。總之，芥菜籽在開胃菜、冷切盤、泡菜或醃菜中，都站有相當重要的地位。

23. 肉豆蔻（Nutmeg）&荳蔻（Mace）

中國古書記載：荳蔻油治頭痛，所以荳蔻樹果實一直扮演著重要角色。荳蔻樹原產於印尼，雖然肉豆蔻的英文名字看起來有nut（堅果），但肉豆蔻是長在10～12公尺高樹的果仁。成熟的果實自行裂開，採收後切開露出種子肉豆蔻（Nutmeg）。肉豆蔻的外表有一層紅色外膜包著，這層皮膜乾燥後成網狀，在市場上以荳蔻（mace）來販售（圖4-12）。用途：Nutmeg可用來增添湯、醬汁、肉還有起司料理的風味，另外香腸、餡餅、蔬菜、香菇、米、麵、蛋料理及聖誕節大餐也都會使用肉豆蔻。Mace則常使用在甜點、香料、蛋糕、

餅乾及藍莓點心當中。

圖4-12　肉豆蔻（nutmeg）＆荳蔻（mace）

24. 奧勒岡草；皮薩草（Oregano）

　　奧勒岡草可長到約60公分高，其葉小、尖、有點苦還有肉豆蔻的味道。頂級奧勒岡草在南義大利都是野生的，所以Italy Cuisine使用頻繁。用途：奧勒岡草可新鮮食用，也可乾燥、壓碎或磨成碎狀來增加蕃茄、茄子料理的風味。此外，烤肉、沙拉、馬鈴薯、豆類湯汁與披薩只要加了奧勒岡草也別有一番風味。

25. 胡椒（Pepper）

　　胡椒粒peppercorns是熱帶攀藤植物下垂枝條尖端的種子（圖4-13），原產於亞洲。市面上可見四種胡椒：綠胡椒（green pepper）是在未成熟時就採收的種子；黑胡椒（black pepper）是將綠胡椒日曬或烘乾後的產品，外皮縮皺呈黑色。紅胡椒（red pepper）是成熟時才採收的種子；白胡椒（white pepper）則是將紅胡椒乾燥後去掉紅皮的產品，表皮光滑呈白色。綠色跟紅色的胡椒粒通常是以冷凍乾燥或濃鹽水處理過後（brine）才來賣；黑色與白色乾胡椒則是整顆或磨成細粒來使用。白胡椒味道溫和，適用於輕口味菜餚中。黑

胡椒味道濃郁有顏色，比較適合用在重口味的肉類。

圖4-13　胡椒（pepper）

26. 迷迭香（Rosemary）

　　迷迭香灌木叢原生於地中海沿岸，硬如刺的葉一如松樹，邊緣處微微捲起，有著樟腦油一樣的香味（圖4-14）。古稱其為「海水之露」，視為抗老化之聖草，因為它是防腐殺菌的精油香料。通常會將一整條細枝加到料理中使用，盛盤時置於盤邊代表香氣的來源。用途：迷迭香可用來增添家禽、兔子、羊肉、獵肉、豬肉還有小牛肉的風味，磨碎的迷迭香有時還會加到湯裡或醬汁中。

圖4-14　迷迭香（rosemary）

27. 番紅花（Saffron）

番紅花是原產於希臘的鳶尾屬植物，如今盛產於伊朗。小型植物有著藍紫色的大花朵，在乾燥的秋天將番紅花內的3根紅色花蕊柱頭（stigmas）收集起來（圖4-15），用餘火烘乾而成當今所有香料裡最貴的一種。番紅花的味道溫和，略帶苦與辛辣味，其顏色是亮黃色，有美妙的香味，這些特色使得番紅花成為最受歡迎的香料。番紅花對光很敏感，必須要密封儲藏，遠離光害。用途：番紅花用來增添醬汁、魚湯、烤飯等料理的色澤與風味，讓烘培食品因番紅花而增色不少。

圖4-15　番紅花（saffron）

28. 鼠尾草（Sage）

鼠尾草原生於地中海的北部，俗稱「醫生香草」，是古代的美容品，具防腐保鮮的功能。鼠尾草可長至30到70公分高，綠灰色毛茸茸的葉片有天鵝絨般的光滑（圖4-16），葉子有點苦，但也有濃郁的辛香味，鼠尾草在開花前的風味最佳。用途：鼠尾草可拿來增添魚、家禽、羊肉、小牛肉與肝料理的風味。鼠尾草更可以加在番茄或蛋的料理中，增進特色。整片鼠尾草油炸後，還可以當作開胃菜配酒。

圖4-16　鼠尾草（sage）

29. 香薄荷（Savory）

　　香薄荷大約30公分高，葉小且細，小花呈白色或紫羅蘭色，味道辛香帶有胡椒的香味，故在德國有pepperweed的雅稱。用途：新鮮的小嫩葉與花可加進沙拉中增加淡雅的風味，整株香薄荷可煮在湯、醬汁、馬鈴薯、豆類等料理中，有淺淺的胡椒味。

30. 羅望子（Tamarind）

　　羅望子樹高約20公尺，原產於非洲（熱帶），羅望子有深棕色的果莢與果肉（20公分長）。因其酸性強，所以可以保存一段很長的時間。莢果常常拿來當香料，亦可做果汁或蜜餞。用途：羅望子的酸味適合與燉魚或跟肉類搭配，也時也添加在某些印度的咖哩醬（curry sauces）中。

31. 龍蒿；香艾菊（Tarragon）

　　龍蒿是叢類植物，約1.5公尺高，細長且深綠色的葉子，只有新鮮或乾燥的才拿來當加味配料。用途：龍蒿可加在湯或醬汁裡，也可拿來替家禽、魚類還有海鮮加味。它可用來製作龍蒿醋或搭配芥末

醬，它也是醃黃瓜時重要的佐料。

32. 百里香；麝香草（Thyme）

多年生百里香的品種很多，多產在南歐或地中海沿岸，常見的有二：高的百里香可以長至10到40公分，有強烈的類似馬郁蘭草的香味，這是屬於法國及英國的百里香。野生百里香長得較低、較濃密，味道跟高的百里香雷同，但葉子比較寬，檸檬百里香就是屬於這一種類。用途：百里香是義大利、法國及希臘料理中重要的乾燥草本植物香料。它可用來增加羊肉、豬肉的風味，對蔬菜湯、菇類、醬料、冷盤的風味也有加分的效果。

33. 香草（Vanilla）

香草原生於中美洲（馬達加斯加），是一種攀籐類的香草蘭花，白黃色，開花期只維期一天就生長出又細又長的豆莢（約30公分）。在香草豆莢成熟前就必須快點採收，經過特殊的發酵過程，才會產生特殊的香味與黑色的外表（圖4-17）。使用前將豆莢剖開刮出白色嫩籽，再一起放入鍋中熬煮，等芳香物質溶出後，才可取出果莢丟棄。用途：香草因為內含香草素（vanillin）所以清香，可以甜化食品，增加奶油、冰淇淋、巧克力、水果糖漿及烘培食品的風味。

圖4-17　香草（vanilla）

34. 可可亞&巧克力（Cocoa & Chocolate）

可可樹（Theobroma cacao）原產於墨西哥，果實含有20～30顆種子（cocoa），經過乾燥、烘培過的種子，可磨製出可可油（cocoa butter）和可可粉（ground cocoa）。可可粉必須含至少20%的可可油，它是生產巧克力的基本原料。

巧克力的成份中混合了磨碎的可可粉、糖、可可油、調味品、杏仁、核桃、牛奶等，材料要充分的攪拌均勻，這個過程叫做conching（原指貝殼）。旋轉的刀片緩慢地持續幾小時攪拌著加熱的巧克力溶液，最後才能製造出香濃的巧克力塊。儘管可可亞本身已含有50%的可可油，但要製造出口感細膩的巧克力，還要加入更多的可可油，誰叫它是刺激又營養的迷人食物！

表4-1　香料中英文一表

Herbs草葉類香料	Spices辛香料 & Aromatic seeds芳香類種子	
艾菊（Tansy）	咖哩粉（Curry Powder）	芥菜籽（Mustard）
香艾菊（Tarragon）	醃漬用的辛香料（Pickled spices）	八角（Star Anise）
金盞花（Marigold）	伽蘭馬莎拉（Garam Masala）	薑（Ginger）
檸檬香水薄荷（Lemon Balm）	五香粉（Five spices powder）	大茴香籽（Anise seed）
芫荽（Coriander）	胭脂籽（Annatto）	阿鳩彎（Ajowan seed）
琉璃苣（Borage）	良薑（Galangal）	紅番椒（Chili）
羅勒（Basil）	山葵（Horseradish）	胡蘆巴（Fenugreek）
薄荷（Mint）	桂皮（Cassia）	杜松子（Juniper）
啤酒花（Hop）	尼葛拉籽（Nigella seeds）	
冬季風輪菜（Winter Savory）	芹菜籽（Celery seeds）	
鼠尾草（Sage）	茴香籽（Fennel seeds）	

Herbs草葉類香料	Spices辛香料 & Aromatic seeds芳香類種子
月桂（Bay）	葵花籽（Sunflower seeds）
百里香（Thyme）	羅望籽（Tamarind）
防臭木（Lemon Verbena）	芝麻籽（Sesame seeds）
西洋芹（Parsley）	南瓜籽（Pumpkin seeds）
圓葉當歸（Lovage）	蒔蘿籽（Dill seeds）
皮薩草（Oregano）	紅辣椒粉（Cayenne Pepper）
細香蔥（Chive）	胡椒（Pepper）
牛至（Marjoram）	大茴香椒粒（Anise Pepper）
迷迭香（Rosemary）	肉豆蔻（Nutmeg）
佛手柑（Bergamot）	丁香（Clove）
康富力（Comfrey）	大蒜（Garlic）
蒔蘿（Dill）	荳蔻（Mace）
咖哩葉（Curry Leaf）	肉桂（Cinnamon）
金蓮花（Nasturtium）	甜紅椒粉（Paprika）
葫蘆巴（Fenugreek）	罌粟籽（Poppy seeds）
蔬菜香料把（Bouquet Garni）	孜然芹籽（Cumin seeds）
黃金菊（Camomile）	芫荽籽（Coriander seeds）
柳薄荷（Hyssop）	番紅花（Saffron）
回芹（Chervil）	小荳蔻（Cardamon）
千葉耆（Yarrow）	牙買加辣椒（Allspice）
當歸（Angelica）	鬱金（Turmeric）
茴香（Fennel）	葛縷籽（Caraway）

西餐實習菜單

Lab Menu#4
Recipe 4-1: Purée of Carrot Soup
Recipe 4-2: Pizza w/ Pesto Sauce

Lab Recipe4-1 *Portion: 8*	Purée of Carrot Soup		
ITEM#	INGREDIENT DESCRIPTION	QUANTITY	
1	Butter	45	gm
2	Carrots, small dice	750	gm
3	Onions, small dice	180	gm
4	Chicken stock (water w/ 4 chicken cubes)	1900	ml
5	Potatoes, small dice	180	gm
6	Salt	dash	
7	White pepper	dash	
8	Sour cream	160	gm

Mise en place

1. Clean carrot, potato, and onion, cut them into small dices.

Method

1. Heat the butter in a heavy saucepot over moderately low heat.
2. Add the carrot and onion, and sweat the vegetables until they are about half cooked. Do not let them brown.
3. Add the stock and potato. Bring it to a boil and simmer the vegetables until tender.
4. Purée the vegetables and simmer the soup to the proper consistency.
5. Add salt and pepper to taste.
6. Decorated with sour cream.

Pieces = pcs; each = ea; gram = gm; milliliter = ml; table spoon = tbsp; tea spoon = tsp

Lab Recipe4-2 Portion: 8	Pizza w/ Pesto Sauce		
ITEM#	INGREDIENT DESCRIPTION	QUANTITY	
	Pizza dough		
1	Dry yeast	20	gm
2	Warm water	1 1/4	cup
3	All-purpose flour	450	gm
4	Caraway seeds	1	Tsp
5	Oil	2	tbsp
6	Salt	1/2	tsp
7	Sugar	1	tbsp
	Pesto sauce (fresh basil sauce)		
8	Basil leaves, fresh	100	gm
9	Pine nuts, chopped, stir fry lightly	25	gm
10	Garlic, peeled	5	ea
11	Oil	50	gm
12	Salt & pepper	dash	
	Pizza topping		
13	Onion, sliced	1/2	ea
14	Sun-dried tomato, packed in oil, sliced	4	ea
15	Black olives, sliced	4	gm
16	Smoked chicken, sliced	150	gm
17	Crab legs, artifact	150	gm
18	Mozzarella cheese, sliced	250	gm
19	Parmesan cheese, grated	15	gm

Mise en place

1. Preheat oven to 185℃.
2. Grease each baking pan.
3. Wash basil, remove stems. In a food processor, blend together basil leaves, nuts, and garlic. Pour in oil slowly while still mixing. Stir in salt and pepper. (Pesto sauce)
4. Slice or dice pizza toppings as direction.

Method

1. In a small bowl, dissolve yeast in warm water. Let it stand until creamy, about 10 minutes.
2. In a large bowl, combine flour, caraway seeds, oil, salt, sugar and the yeast mixture; stir well to combine. Beat well until a stiff dough is formed. Cover and rise until doubled in volume, about 30 minutes.
3. Divide dough into 2 portions, and roll each portion out into a 30 cm circle. First spread pesto sauce on top, add cheese and toppings then.
4. Bake at oven about 20 minutes or until cheese melt golden brown.

Pieces = pcs; each = ea; gram = gm; milliliter = ml; table spoon = tbsp; tea spoon = tsp

西餐製備與實習

第五章

高湯、醬汁與湯品
Stocks, Sauces & Soups

　　餐廳（restaurant）一字源自法文*restaurant*，它最原始的意義是「一碗恢復體力的肉湯」（a restorative broth）。湯品（soup）的法文*soupe; potage*，其本義是指用大鍋所煮出來的東西，份量多一點的湯是可以當作一頓餐來吃的。因爲古歐人習慣將乾麵包泡在大鍋煮出來的菜肉湯裡，例如洋蔥湯（*soup a l'oignon*）就有一片麵包泡在其中。所以他們的習慣語言是吃湯（eat soup）而不是喝湯（drink soup）；如今常用「You eat it from a soup dish, but you drink it from a mug.」來區別在餐桌上吃與喝的定義。

　　在古歐的歷史中，他們習慣將較清淡的湯當作開胃菜在第一道上桌，因爲湯有開胃和增進食慾的功能。所以煉煮可溶性食物的烹飪方法成爲廚師們的必修課程，其中以熬煮高湯（stock）最具有代表性，因爲只有完美的湯頭，才能延伸高品味的醬汁（sauce）和湯品（soup）。

【Stocks公式】

White stock = *bouquet garni* + *spice sachet* + blanched bones + water

Brown stock = *mirepoix* (or *matignon*) + *spice sachet* + roasted bones + water

【Sauces公式】

Sauces = liquid + thickening agents
  Liquid：stock (white or brown) or milk
  Thickening agents：*roux* (= fat + flour), heavy cream, egg yolk,
                starch, butter, fresh blood, etc.

【Soups公式】

Soups = stock (+ thickening agents; *roux*) + meats or vegetables

一、高湯（stock; *fond*）

　　高湯的製備是醬汁（sauce）和湯品（soup）的基礎，它是一種從獸肉（骨）、禽肉（骨）、魚肉（骨）或蔬菜，經過長時間熬煮所萃取出來的汁液與精華。高湯在法國烹飪中稱為*fond*，意即根本或基礎之意，所以有人說：「沒有高湯就沒有法國料理」，可見高湯的重要性。高湯又被稱為stock，它有存貨之意，正可說明高湯都是被大量製作，存放起來隨時取用。因此，在傳統不停火的高湯大鍋中，師傅們隨時將多餘的骨頭、肉屑，甚至菜皮、菜屑加入鍋中，不但可以增加高湯的滋味與營養，更可廢物利用減低食物成本。

(一)製備高湯的準則

　　為了製作出最豐富的美味高湯，原料的選擇和使用量最為重要，否則它會影響其後醬汁（sauce）和湯品（soup）的和諧。
　　製備高湯的準則：
1. 慎選加入高湯的材料，尤其是選用新鮮、好品質、無瑕疵的生鮮食材（如骨頭、香料、蔬菜），否則失敗的高湯無法突顯料理的

美味。

2. 選擇尺寸正確、有良好材質的鍋子，只有厚實、窄而深的湯鍋才能耐得住長時間的燉煮。

3. 了解不同種類高湯的製作過程和應變。例如：高湯宜從冷水開始煮起，因為肉類有些成分只溶於冷水，遇高溫則凝固，反而阻止內部精華的釋出。

4. 熬高湯的水必須蓋過所有食材，太多水只會讓高湯無味。熬煮途中可視量的多寡來添加水或白葡萄酒，例如法國料理主張一公斤的魚骨配一公升的水來煮，將魚高湯煮至剔透膠狀方止。

5. 只有使用慢火、不加蓋的熬煮，才有利於高湯材料成分的溶解與釋放。慢火可以讓浮渣從底部對流傳送到液面，以利撈除。高溫只會讓浮渣被衝擊成細束狀，反而造成混濁。所以應隨時去除泡沫和脂肪，使用前更要過濾去渣。

6. 長時間熬煮（四小時以上），骨中的膠質才能析出，冷卻後凝膠。老派的廚師認為這才是上好的高湯，做醬汁時的濃稠高湯可省掉傳統的黏稠劑添加。

7. 熬煮高湯不需加鹽，以方便其他菜餚的使用，尤其是凍汁（gla-cé）在慢火久煮後水份蒸發掉四分之三，鹹度難以掌控。

8. 高湯冷卻後上面的一層油有保存高湯的功能。通常牛高湯的凝固油可丟棄，雞高湯的凝固油則可保留做醬汁或肉汁（gravy）。

9. 製作褐色高湯時，骨頭要切得相當小塊，在慢火乾炒時變成褐色（caramelized），只要加少量的水做鍋內deglaze動作（約2～3次），即可得到濃稠味美的高湯。

(二)製備高湯的材料

　　高湯通常以顏色來分類，可分成清高湯（white stocks）和褐色高湯（brown stocks）。製備高湯的主材料也分為兩大類：1.調味蔬

菜與香料，2.肉塊和骨頭。

1. *Bouquet garni*（vegetable bundle）蔬菜香料把（表5-1）

所謂調味蔬菜必須是組織較粗且耐熬煮的才行，常使用的包括：洋蔥（onion）、青蒜（leek）、紅蘿蔔（carrot）、芹菜根（cele-riac）、包心菜（cabbage）等；也有人建議煮高湯的蔬菜須用紅蔥頭來代替洋蔥。有時還會搭配一些其他新鮮香草，例如：月桂葉（bay leaf）、香菜（parsley）、薄荷（peppermint）等。

將蔬菜與香料份量準備妥當，以大片包心菜為底，將蔬菜依序放妥，加入辛香料後，將包心菜捲包成形，以棉繩捆綁即可投入水中燉煮，最後整把取出丟棄（圖5-1）。事實上，不同的食譜所指定的調味蔬菜和香料的內容並非完全一樣，蔬菜香料把主要是讓高湯更有風味。例如：plain beef stock, vegetable stock, chicken stock, fish stock, etc。參考食譜如表5-2。

圖5-1　蔬菜香料把的製作過程

2. *Spice sachet* 香料包（表5-1）

香料包（*sachet; nouet*）的製作（圖5-2）乃是將零星的香料集中包紮在小棉布袋內，燉煮高湯後整個取出丟棄。常用的包括：乾的月桂葉（bay leaf）、丁香（clove）、胡椒粒（peppercorn）、百里香（dried thyme）、迷迭香（Rosemary）等。香料包的組成有不同的變化，取決於最後的結果。參考食譜如表5-2，表5-3。

圖5-2　香料包的製作

3. *Mirepoix*熟炒蔬菜丁（表5-1）

　　為了增加洋蔥（onion）、紅蘿蔔（carrot）、芹菜根（celeriac）在高湯中的風味，因此將蔬菜切丁（圖5-3），用奶油炒過或烤過後再與烤（炒）過的肉（骨）一起燉湯，以增加香味與顏色的釋放。例如：brown veal stock, veal jus, game stock, etc。參考食譜如表5-3。

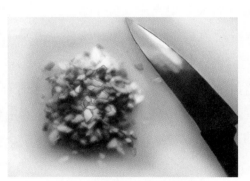

圖5-3　蔬菜丁的製作過程

4. *Matignon*熟製蔬菜泥（表5-4）

　　另一種傳統的調味蔬菜與香料作法與上述不同，首先將洋蔥（onion）、紅蘿蔔（carrot）、芹菜根（celeriac）切丁，搭配百里

香（dried thyme）和月桂葉（bay leaf），用奶油、鹽、糖炒透，有時還會加一些豬腹肉（五花肉）或生火腿，倒入*Madeira*酒和水將鍋中精華洗滌收集（deglaze）起來一起燉煮。

　　一段時間後，材料水氣蒸發煮成泥狀（pulp, fondue, melted），此時可將*matignon*塞入肉中當調味料烘烤之，或塗在魚身上蒸煮之。冷藏起來還可以隨時取出，或做湯或做醬。

5. 肉塊和骨頭（meats & bones）

　　高湯的主架構材料是肉塊和骨頭，廚房多取用已不再適合做其他菜餚的便宜食材，特別是牛小骨最受歡迎，因為它含有較多的膠質，可使高湯有具體的感覺。家禽類通常用雞來做高湯，除了胸腔骨頭外，所有不能做菜的雞頭、頸、翅膀、腳爪都可以使用。

　　做高湯的骨頭必須新鮮，經過燙煮（blanch）去除雜質後，切成5-10公分長的小塊。骨肉體積小則浸到水中的總表面積就大，更容易帶出骨中的滋味。

　　清高湯（white stock）的材料必須先燙煮一下，以去除不潔之物。褐色高湯的材料則必須先用一點油炒黃，或在攝氏250度的烤箱烤焦，目的在取得顏色與香味。最後加兩杯水煮沸，將鍋中精華洗滌收集（deglaze）起來一起燉煮。

　　魚高湯則用魚頭與魚骨當材料，使用前須切細，先用流動的冷水沖洗後再浸泡（soak; *degorger*）幾分鐘。為了逼出魚骨的精華，熬煮前可用火略炒魚骨逼汁（sweat; *suer*），然後加蓋燜至液體流出。其中鰈魚（sole）骨頭的高湯最香（*fumet*），龍蝦、蟹、蝦等甲殼類海鮮（crustacean）也有其獨特的香味，這都是做高湯的首選。

表5-1　高湯調味蔬菜與香料（ingredients for stocks）

高湯調味料種類	內容	材料	清高湯（white stocks）	牛清高湯（clear beef stocks）	褐色高湯（brown stocks）
Bouquet Garni (Vegetable Bundle)	Vegetables	Roasted onions		✓	
		Onions	✓		
		Whole leeks		✓	
		Leeks (white part)	✓		
		Carrots		✓	
		Celeriac	✓		
		Green cabbage		✓	
	Spice sachet	Bay leaf	✓	✓	
		Cloves	✓	✓	
		Peppercorns	✓	✓	
		Parsley stems	✓	✓	
Mirepoix	Vegetables	Onions			✓
		Celeriac			✓
		Carrots			✓
	Spice sachet	Peppercorns			✓
		Bay leaf			✓
		Thyme			✓
		Marjoram			✓
		Parsley stems			✓

參考資料：Pauli, P. (1999), Classical Cooking: The Model Way. John Wiley & Sons, Inc.

表5-2　牛清高湯（Plain Beef Stock; *bouillon d'os*）食譜

生產量：10	公升	*Mise en place*	Method	Notes
Beef bones	8 kg	牛骨切塊殺菁（blanch）	洗淨骨頭用冷水煮滾	添加綠色捲心菜和蕃茄增加 *bouquet garni*口味
Water	15 L	沖洗骨頭（先用熱水，然後用冷水）		
Bouqet garni	500 g		加入鹽，舀出油脂	
Spice sachet	1	準備*bouquet garni*		
Salt	50g	準備spice sachet（月桂葉、丁香、胡椒、百里香）	2小時後，加*bouquet garni*和spice sachet	
			煨3～4小時	增加牛腩／帶肉骨，油脂將更豐富
			用雙層紗布過篩	

表5-3　小牛褐色高湯（Brown Veal Stock; *fond de veau brun*）食譜

生產量：10公升		*Mise en place*	Method	Notes
Veal bones	6 kg	牛骨頭剁小塊	淋花生油烤骨頭和小牛腳指	若在對流烘箱中烤骨頭，花生油可省
Calves's feet	2 kg	犢牛腳指剁小塊		
Mirepoix	1 kg	準備*mirepoix*	添加*mirepoix*，繼續烘烤	
Spice sachet	1	準備spice sachet（胡椒、丁香、百里香、月桂葉、迷迭香）	舀出多餘的脂肪	
Peanut oil	150ml		加入番茄醬，低溫燒烤，否則苦澀	
Tomato paste	100 g		骨骼尺寸越小，可增加骨骼焦化面積與口味	骨骼尺寸越小，可增加骨骼焦化面積與口味
Water	15 L			
Dry white wine	1 L		用少量水或酒*deglaze*沖洗鍋內焦黃膠質，成漿狀稠度	
Salt	50 g		加水繼續加熱，舀出油脂	
			煨3～4小時，最後一小時添加spice sachet和適量鹽	
			用雙層紗布過篩	

表5-4 熟製（湯／醬）調味蔬菜與香料（ingredients for stocks or sauces）

調味料種類	內容	材料	Meat dishes	Fish stocks	*Consommés*	Cream soups
Matignon	Vegetables	Whole leeks			✓	
		Leeks (white part)		✓		✓
		Carrots	✓		✓	
		Celeriac	✓	✓	✓	✓
		Onions	✓	✓	✓	✓
	Meat	Bacon trimmings	✓			
		Ham trimmings	✓			
	Spice sachet	Garlic	✓			
		Bay leaf		✓		✓
		Cloves		✓		✓
		Thyme	✓			
		Parsley stems		✓	✓	

參考資料：Pauli, P. (1999), Classical Cooking: The Model Way. John Wiley & Sons, Inc.

二、醬汁（sauce）

　　無論那一種烹飪方法，經過一段時間熟製後或多或少都會流失水份與風味，爲了恢復烹調時所流失的味道，醬汁（sauce）的陪襯就更顯得重要了。如果某些食物本身的味道就較淺淡，更需要加入一些醬汁香料來幫忙提味。

　　醬汁是一種搭配魚、肉、甜點或其他食物的液體佐料，它可以強調菜餚的味道，更可增加陪襯的美觀。在經典法式料理（Classical French Cuisine）的鼎盛時期，製作醬汁的品質和創意已達高峰，不

但花費許多人力、時間和原料，其設計有時甚至超越主菜的製作。

Joseph・Favre在【*Dictionnaire universel de cuisine pratique*】一書中將醬汁定義為「一種具有香味的物質，有一點液體、凝膠狀的樣子，可以加入麵粉、澱粉、蛋黃或動物的血液使其濃稠」。經典法式料理中使用含有高脂肪的食材，像是奶油、鵝肝、骨髓熬成的濃縮高湯，目的都在突顯醬汁的獨特性。

傳統上，醬汁（pan gravy; *au jus*; in the juice）只是將稀稀的肉汁勾芡後直接淋或澆在食物上，增加液體幫助進食，此乃源自爐烤肉類時自然滴流在烤盤上的肉汁加工品。如今新式的烹飪法出現，廚師們開始喜歡把餐盤當畫布，將醬汁當盤飾的顏料，先把醬汁繪製在餐盤裡，再把食物放於醬汁上，醬汁還能以蔬菜汁與調味料來調色呢！

醬汁應保存在適當的溫度裡，粗分為熱醬汁（hot sauce）和冷醬汁（cold sauce）。醬汁澆於食物上或塗在餐盤裡，其黏稠度以可流動亦可附著在食物的表面上為原則，彷彿一層醬衣。測試黏稠度的方式是用手指在湯匙背面的醬衣上畫下，如果手指畫過的地方不再有醬汁流過則代表合格。

優質的醬汁應該是：色澤令人開胃，不能有明顯的脂肪塊，組織非常細緻，口味獨特，又不能有太重的香料味。無法如何，醬汁僅止於調味（seasoning），絕不能喧賓奪主壓倒主菜原有的味道。

製作優質的醬汁除了要有廚師的構想，先決條件應包含下列要點：足夠的份量搭配高品質的食材、選用美味又豐富的基本高湯為底、醬汁味道清醇不強出、盡可能使用新鮮的香葉類草料比較自然。如有需要，也應選用高品質的葡萄酒和利口酒來突顯酒香。

醬汁的製作乃將適當的液體（清高湯／褐色高湯；奶類natural stock；*fond naturel*）煮沸後，加入合宜的黏稠材料使其收汁，最後調味以符合搭配餐食之需。醬汁公式如下：

【Sauces公式】

Sauces = liquid + thickening agents

　　Liquid：stock (white or brown) or milk

　　Thickening agents：*roux* (= fat + flour), heavy cream, egg yolk,

　　　　　　　　　　　　starch, butter, fresh blood, etc.

(一)黏稠材料（thickening agents; *liaison*）的種類：

1. 澱粉類（starches, flour）

　　方法一是將乾性麵粉或其他澱粉直接撒在同鍋食材上，炒出色後再加液體稠化之，經過濾調味後方成醬汁。方法二是將麵粉或其他澱粉先與少量的冷液體混勻成粉漿後再加入熱醬汁中糊化，加入粉漿前與加入後皆須不斷地攪拌熱醬汁，煮十分鐘即成。

　　麵粉加水（white wash）的風味不佳，有生粉味且黏糊不透明。其他澱粉（馬鈴薯粉、葛粉arrowroot、米粉、玉米粉cornstarch），稠化後較清亮，惟前兩者遇熱較黏稠，用量可少。

2. 蛋黃（egg yolk）

　　蛋黃的稠化效果乃利用蛋黃的乳化作用（emulsified）使油水融合。稠化時，先取少量的熱醬汁來混合打散的蛋黃液（控制在攝氏80度以下），其間必須用攪拌棒（whisk）急速拌勻，一旦蛋黃適溫黏稠後，才可慢慢加入溫火的熱醬汁中，加過蛋液的醬汁絕不可煮沸，不然蛋黃會被分離出來。

3. 鮮奶油（heavy cream）

　　牛乳放置在室溫中，上層凝結的薄膜即為鮮奶油（cream），含油量在30%以上方可適用。調製醬汁時的鮮奶油一下鍋煮沸即可盛出，單獨使用並不穩定，稠化後的醬汁因乳白色與乳香味，通常比較適合搭配魚或雞的料理。

4. 奶油（butter）

奶油是從鮮奶油提煉出來的，含油量在82%以上。它具有引發、柔和且平衡其他食物的香味，減低不當的刺激味。所以西廚不僅用它當醬汁的主材料（例如奶油醬汁），任何醬汁在完成前，皆可再混入一點奶油，不但可以使醬汁再稠化一點，還可以改善醬汁的風味，增加其亮度。完成後的醬汁不再煮沸，最好立即服務之。

5. 豬血或雞血（blood）

血不可加熱超過攝氏80度。稠化時先將醬汁煮至近沸騰，先離火，一面加血一面用攪拌棒攪拌之，回爐後當開始要滾時，立即熄火用細目的過濾網過濾之，調味後立即服務之。

6. 鴨肝（duck liver）

為了善用名貴的食材，法國廚師會用細目的過濾網來擠壓所有殘留的鴨肝成分，目的在稠化醬汁增加其知名度。

7. 白起司（white cheese; *fromage blanc*）

白起司（white Cheese）是指未經精煉／熟成的新鮮起司，這種稠化作用主要適用於調製冷醬，也可以替代美乃滋做醬的地位。

8. 油糊（*roux*）= fat + flour

油糊的基本材料是油類與澱粉：各取相等重量，經加熱調和而成泥。澱粉不溶於水，加熱到某種程度，粉粒就會膨脹變大，油類有分離澱粉粒子的作用（把粉粒子包起來），所以用油糊稠化後醬汁不會結塊。製作前麵粉必須先過篩，若奶油含水量過高，則先以慢火蒸發過多的水分。其他肉類的油或煎出油（dripping）亦可用。澱粉類大致以麵粉和玉米粉為主，玉米粉糊化後較為透明，麵粉則有粉香味。

油糊須以慢火來調製，在奶油尚未融化前先加麵粉再小火、短時間炒呈白油糊（white roux; *roux blanc*），火候、時間剛好則呈金油糊（blond roux; *roux blond*），長時間或用烤箱烤黃的麵粉呈褐油糊（brown roux; *roux brun*）。

(二) 醬汁的其他的材料

醬汁的其他的材料包括：香醋（sauce vinaigrette）、檸檬汁、葡萄酒、調味香料、起司、蘑菇、貝類、火腿、鯷魚（anchovy）、蔬菜精、醃瓜等附加食材。

香醋與檸檬汁除了能增加醬汁的味道外，他們也有安定醬汁的功能。葡萄酒也常被用做醬汁的主要材料，例如Port酒經濃縮再調味的醬汁。如果採用白葡萄酒做醬汁，通常都會再加一點醋來搭配。

蘑菇類包括洋菇、香菇、黑木耳、白木耳等，價格昂貴的松露（truffle; *truffe*），又稱麥蕈，無論是黑松露或白松露，都必須在上桌前才加之。蔬菜精（*essence de légume*）乃是將蔬菜切細末（纖維越多者須切得越細），然後加很少的水或雞高湯，加蓋慢煮至熬出其精，完成後過濾備用。凍汁（*glacé*）可用來塗爐烤肉塊的表面，以增加光澤，也常用凍汁來改善或加強醬汁的味道。

(三) 醬汁的種類

醬汁的種類依其名來計算約有數千種之多，它們之名多源自首先調製者或廚師。基本上，醬汁是由四種基本醬汁所衍生而來的：

1. 白色醬汁（White sauces; *sauces blanches*）

白色醬汁的做法可依液體的不同而有兩套分類：若味道取自基本的清高湯（white stock）和白油糊（white roux）的組合，視為*Sauce Velouté*（= white stock + white roux）。若味道取自於奶類液體和白油糊（white roux）的組合，則視為*Sauce Béchamel*（= milk + white roux）。

白色醬汁是許多著名醬汁的基底（the basic king of sauces），差異首推其帶入的液體，例如veal *velouté*（veal stock）多用於肉類料理，chicken *velouté*（chicken stock）多用於家禽類料理，fish *velouté* （fish stock）則多用於魚或海鮮料理。而*sauce béchamel*多用於義大利麵、蔬菜、蘑菇和蛋類料理。

2. 褐色醬汁（Brown sauces; *sauces brunes*）

褐色醬汁的做法乃是將褐色高湯（brown stock）和褐油糊（brown roux）做組合（= brown stock + brown roux）；精美的褐色醬汁也被稱為*demi-glace, veal jus*。

褐色醬汁以其濃郁的味道著稱，略苦之味和褐色是由富含蛋白質的食物（骨頭、肉類）、含糖份高的蔬菜（蕃茄、紅蘿蔔）經過烹煮後所產生的精華，所以製作褐色醬汁時要選對適當食材，顧好褐色光澤，才能烹調出漂亮又美味的醬汁。

褐色醬汁通常與嫩煎肉搭配食用，有時它們的添加會使得溫熱的蛋類料理、溫熱開胃菜、燉蔬菜等更美味。如果褐色醬汁源自烤肉本身所流出的汁液（pan drippings）而非其他高湯底的話，這種原汁配原肉又被稱做是integral sauces。

3. 乳化醬（Emulsified sauces）

利用蛋黃乳化作用（emulsified）的油水相融，衍生出兩類型的乳化醬做為其他醬料的基底。第一種oil sauces是將蛋黃與沙拉油分批用攪拌棒（whisk）急速拌勻的「冷打法」，這種冷醬是做沙拉的重要成份，包括著名的*mayonnaise*、*herb vinaigrette*。

第二種butter sauces是將蛋黃與奶油分批融合的「溫拌法」，方法是在雙層鍋中結合蛋黃與少許醋和胡椒慢慢加熱，其間加入奶油用攪拌棒拌勻直至黏稠，醬汁絕不可煮沸，不然蛋黃會被分離出來。

著名的奶油醬*Hollandaise sauce*（溫和、中性的味道）、*Béarnaise sauce*（濃郁的味道）都是藉奶油來提升菜餚的風味，也會借助蛋黃加熱後的凝固作用，加入更多其他蔬果香料來代表特色；例如龍蒿（tarragon）和山蘿蔔（chervil）等。

4. 蔬果泥醬汁（Purée sauces）

無論蔬菜泥醬汁（vegetable purée: tomato purée, onion purée, garlic purée, carrot purée, pesto sauce）或水果泥醬汁（fruit purée: strawberry sauces），當糖的份量減少時，常常用來結合肉類或搭配野味當作主菜，以增加風味。

蔬果泥醬汁有純淨、濃縮的味道和顏色，所以常被繪製在餐盤裡當背景，增加主菜的美觀。蔬菜泥對於溫熱的料理是很重要的，如果加入足量的高湯，瞬間即轉換為美味的湯品。

三、湯品（soup; *potage*）

在早期的歐洲農家，烹飪多發生在壁爐（fireplace）旁，所以固定燉煮的湯鍋裡都有每餐必備的食物。直到十八世紀經典法國料理流行後，湯品才正式成為菜單中的一角。往後在上層階級的家裡，讓客人選擇要喝清湯或濃湯，被視為一種高雅的作法。

湯品的設計首先要考慮開胃菜與主菜的差異，一定要避免使用重複的顏色、質地或主菜的食材。如果湯品是為了讓客人有飽足感，則必須準備大份量，每人約250毫升。在套餐中有四道或更多道菜餚時，每個人每道菜的份量最好不要超過150毫升，湯品宜精緻化。

湯品富含卡路里和營養成分，因此在菜單中，湯品有暖胃的功能。由於它的香氣與味道可以先活化口鼻，所以選擇一個好湯的基本條件應始於湯頭。

好湯頭的製作應採用高品質又新鮮的材料，加上細心的烹煮，以及講究的保溫湯鍋。如果熱湯應趁熱（攝氏70度以上）吃之，保溫器材就應保持在攝氏88度以上才有保溫效果，湯盤或湯杯也須先加熱（以服務熱湯）。湯也有吃冷的或結凍的，冷湯常以攝氏5～7度

間的溫度吃之，所以服務冷湯時，也需另備一個大盤裝碎冰來冰鎮湯杯或湯盤。

　　湯品的製作乃是將清高湯或褐色高湯煮沸後，清湯只要加入合宜的蔬菜絲、蛋絲或肉絲即可成品。濃湯則需再加入合宜的黏稠材料（roux）使其收汁，最後調味即可盛盤。湯品公式如下：

【Soups公式】

Soups = stock (+ thickening agents; *roux*) + meats or vegetables

(一)湯品的種類（表5-6）

1. 清湯（clear soups）

　　傳統將水煮牛肉或牛骨而得的湯汁稱為清湯（broth; *bouillon*），如今將任何食物（包含蔬菜）煮出來的湯汁都可用此名稱。但經典法國料理為了更上一層樓，於是利用蛋白在低溫混合吸附湯中雜質，然後升高溫度將蛋白凝固去除之，如此的澄清效果使湯汁更清澈，甚至完全去除湯面的浮油，最後可添加不一樣的材料做裝飾，統稱為*consommé*（表5-5）。

2. 濃湯（thickened soups）

　　將油糊（*roux*）與高湯（stock）組合調製後，添加牛乳、鮮奶油即成奶油濃湯（cream soup）；添加菠菜汁、紅蘿蔔汁有調色的功能（vegetable soups）。若以大麥、米、蕎麥等穀物為主要材料，用高湯煮熟後再添加油糊則成為穀物濃湯（grain soups）。

3. 泥湯（purée soups）

　　*Purée*是將蔬菜或水果，在高湯（或水）中慢火煮熟後，手持攪拌器將其打爛成泥的湯。有時馬鈴薯、南瓜煮熟軟後亦如此製之，多加的高湯、牛乳、鮮奶油更能將泥湯升級。

4. 冷湯（cold soup）

　　夏季適合食用冷湯，西班牙蕃茄冷湯（*Gazpacho*）乃以蕃茄爲基底的新鮮蔬菜湯，添加酒、酒醋、鹽和黑胡椒來調味。若將洋蔥、韮蔥、雞湯和鮮奶油煮成濃湯後冷卻之，即是著名的義大利馬鈴薯凍湯（*Vichyssoise*）。

表5-5　*Bouillons*和*Consommés*的不同

項目	*Bouillon*	*Consommé*
基本高湯	牛骨高湯	牛骨高湯、禽類或魚類高湯
加味肉類	牛胸肉塊或雞胸肉塊	牛或雞絞肉
香料	*Bouquet garni* *Spice sachet*	*Mirepoix* *Matignon*
澄清動作	只有過濾	用蛋白吸附雜質淨化，完全清澈
餘油脂	可能有少量的油脂	完全沒有油脂
顏色	金黃色	從非常淡色（魚類）到深琥珀色（野生鳥獸類）

表5-6　湯品分類(Types of soups)

分類	主類	舉例	
Clear Soups (*potages clairs*)	**Consommés** (*consommés*)	*Consommé de gibier* (game) *Consommé de poisson* (fish) *Consommé de volaille* (chicken)	*à la moelle* (marrow) *aux pailettes* (pastry straws) *quenelles de semoule* (semolina dumplings) *madrilène* (chilled)
	Meat broth (*bouillon de viande*)		

分類	主類		舉例
Thickened Soups (*potages liés*)	**Cream soups** (*potages crème*)	*Crème de viande* (meat) *de volaille* (poultry) *de poisson* (fish) *et de cereals* (grain)	*Crème dieppoise* (fish & mussels) *Crème d'orge* (barley) *Crème Agnès Sorel*(chicken & calf's tongue & mushrooms) *Crème Marie Stuart*(chicken & vegetable garnish)
		Vegetable cream soups (*crèmes de légumes*)	*Crème d'artichauts* (artichokes) *Crème d'asperges* (asparagus) *Crème de brocoli* (broccoli)
	Purée soups (*potages purés*)	Purée vegetable soups (crémes de legumes)	*Purée Crécy*(carrots) *Purée florentine*(spinach) *Purée Parmentier*(potato)
		Puréed legume soups (*purées de légumineux*)	*Purée Condé* (pastry strips) *Purée Faubonne* *Purée Victoria*(yellow split pea)
	Vegetable soups (*potages aux légumes*)		*Potage bonne femme* (creamed potato soup) *Potage paysanne* (farmer's soup)
	Grain soups *potages aux céréales*)		*Potage à l'orge perlé* (barely) *Potage aux flocons d'avoine* (oatmeal)

參考資料：Pauli, P. (1999), Classical Cooking: The Model Way. John Wiley & Sons, Inc.

西餐實習菜單

Lab Menu#5
Recipe 5-1: Beef Consommé
Recipe 5-2: Cream of Emerald Soup

Lab Recipe5-1 *Portion: 8*	Beef Consommé		
ITEM#	INGREDIENT DESCRIPTION	QUANTITY	
1.	Water	2200	m
2.	Beef bouillon	3	cubes
3.	Ground beef	120	gm
4.	Tomatoes	70	gm
	BOUQUET GARNI		
5.	Onions	70	gm
6	Garlic	15	gm
7	Carrots	30	gm
8.	Celery	30	gm
9.	Leek white	70	gm
10.	Parsley stems	2	ea
	SPICE SACHET		
11.	Bay leaves	2	pcs
12.	Peppercorns	3	ea
13.	Dried thyme	dash	
14.	Cloves	dash	
15.	Pasta	70	gm
16.	Egg white	3	ea
17.	Egg yolks	3	ea

Mise en place
1. Chop all vegetables.

Method

1. Combine all ingredients (1-14) in a big pot, except egg white/yolks and pasta.

2. Simmer mixture over moderate heat until full flavor develops, at least 1 hour.

3. Put the pot over a ice cubes container, let it cool to 40-50°C.

4. Stir in egg white, and whip slightly/evenly.

5. Bring mixture to boil again, until broth is clear.

6. Strain broth through several layers of cheesecloth.

7. Add salt and pepper to taste.

8. Cook pasta in boiling salty water; drain.

9. In a saucepan, make egg crêpes from egg yolk liquid and unsalted butter.

10. Garnish soup with pasta, fine sliced egg crêpe, and parsley twig.

Pieces = pcs; each = ea; gram = gm; milliliter = ml; table spoon = tbsp; tea spoon = tsp

Lab Recipe5-2 *Portion: 8*	**Cream of Emerald Soup**		
ITEM#	INGREDIENT DESCRIPTION	QUANTITY	
1	Chicken bouillon (water w/ 4 cubes)	2000	ml
2	Spinach	200	gm
3	Salt	1/2	tsp
4	Pepper	dash	
	Cream Soup Base (sauce Bechamel)		
5	All-purpose flour	110	gm
6	Unsalted butter	110	gm
7	Milk, fresh	320	ml
8	Sour cream	8	ea
9	Chives(dried)	dash	

Mise en place

1. Clean spinach leaves.
2. Use blender to mix spinach leaves with 1/2 cup of water, strain the fiber and reserve the juice.

Method

1. In large pot, heat chicken bouillon to boiling stage.
2. In saucepan, melt butter, stir in flour, cook until light brown. Add milk as cream soup base.
3. Add chicken soup into cream soup base gradually, heat and stir soup until thicken.
4. Add spinach juice, and heat through before serving.
5. Add salt and pepper to taste.
6. Decorated with sour cream and chives.

Pieces = pcs; each = ea; gram = gm; milliliter = ml; table spoon = tbsp; tea spoon = tsp

第五章　高湯、醬汁與湯品

第六章

蔬菜與水果
Vegetables & Fruits

　　許多現今的蔬菜與水果早在史前就已經開始耕種，資料顯見豌豆在公元前6500年出現在土耳其，利馬豆和玉蜀黍在公元前5000年出現在墨西哥，馬鈴薯和蕃茄可能已經是那時人們的主食。許多蔬果的原產地是中國、中東、中南美洲等區，隨著西亞的農耕，希臘和羅馬促成蔬果進入了歐洲。公元前2000年，美索不達米亞農作物中有蕪菁、洋蔥、蠶豆、扁豆、大蒜和蘿蔔等記錄。

　　十五世紀末，西班牙征服南美洲，到了十六～十七世紀，兩大陸間的農產品交流也逐漸完成。來自美洲的蔬菜主要有：甘藷、馬鈴薯、蕃茄、洋蔥、玉蜀黍、胡椒、菜豆、南瓜和四季豆等。由歐洲移民引進美洲的也有：蠶豆、蘿蔔、鷹嘴豆、黑眼豆、胡蘿蔔、包心菜和蘋果等。

一、蔬果的營養與烹調

　　大部分的蔬菜都含有至少80%的水份，剩下的是碳水化合物、蛋白質和少許的脂肪。甘藷、馬鈴薯的澱粉尤其多，是人們主要的糧食之一。胡蘿蔔、洋蔥的甜度高，甜玉米一採收就丟進鍋內烹煮，目的都在保存豐富的糖份。豆類的蛋白質高（8%以上），有色蔬菜的維生素C或B群也都提供人們生長的需求。總之，蔬果的營養含量不容小覷。

最好的蔬菜是當季的蔬菜，蔬菜一旦長到最佳狀態時就該採用，那時的價錢也應是最合理的。蔬菜的種類不同，有的適合生吃，有的就必須煮熟再吃。西餐習慣將新鮮的蔬果製成沙拉（salad）來享用，需熟食的蔬菜多以水煮或蒸的方式完成（moist heat methods）。

蔬菜的選擇以新鮮為要，避免頹軟、枯萎、老化、變色或受傷的菜品。採買後的前處理很重要，務必穩固食材的新鮮，確保蔬果的營養。蔬菜洗滌應快速，儲存時也應盡可能保持完整。有人做實驗，在水裡切蔬菜，15分鐘內就會流失2～30%的營養素。

對大多數的新鮮蔬菜而言，烹煮的時間越短越好。用太多的水烹調會帶走礦物質及維生素，太多的時間會破壞組織和纖維，但豆類和澱粉類又必須有足夠的液體和時間來軟化。有時適合做配菜的產品；例如包心菜類，長時間烹煮不但不會影響它們原本的風味，反而可以改正缺點讓蔬菜更可口。所以，學習食物學、記取經驗可以幫忙應對正確的蔬果料理。

二、蔬菜的分類（表6-1-1 & 6-1-2）

西餐中將蔬菜（vegetables）分為9大類：

1. 葉菜（leafy & salad vegetables）：食用部份以新鮮葉片為主；例如spinach, lettuce, etc.

2. 蕓苔屬蔬菜（cabbage）：是十字花科的農業作物，主產於西歐或西亞溫帶地區，食用部份以葉片和芽球為主；例如cauliflower, broccoli, etc.

3. 嫩莖蔬菜（stem vegetables）：食用部份多為莖部或植株嫩芽；例如celery, asparagus, etc.

4. 果菜（fruit vegetables）：食用部份以植物的果實為主；例如tomato, eggplant, etc.

5. 南瓜類和葫蘆瓜類（squash & cucumber）：原產北美洲蔓藤植物，食用部份以其厚皮果實爲主；例如pumpkin, zucchini, etc.

6. 根菜（root vegetables）：食用部份以地下儲存能量的根塊爲主，根可切塊繁殖；例如radish, carrot, beets, etc.

7. 塊莖（tuber vegetables）：食用部份以地下儲存能量的莖塊爲主，節點之芽可繁殖；例如potato, yam, etc.

8. 豆莢和種子（seed vegetables）：食用部份以果莢和種子爲主；例如pea, bean sprout, etc.

9. 鱗莖類蔬菜（bulbous vegetables）：食用部份乃儲存能量的膨大植物莖；例如onion, garlic, etc.

表6-1-1　蔬菜類I

葉菜類	蕓苔屬蔬菜	嫩莖蔬菜	果菜	南瓜類和葫蘆瓜類
萵苣 （Lettuce）	春綠 （Spring Greens）	球狀朝鮮薊 （Globe Arti-choke）	茄子 （Egg-plant）	橡實南瓜 （Acorn Squash）
西洋菜 （Water-cress）	花椰菜 （Cauliflower）	竹筍 （Bamboo）	番茄 （Tomato）	義大利直麵南瓜 （Spaghetti Squash）
菠菜 （Spinach）	大頭菜 （Kohlrabi）	棕櫚心 （Palm Hearts）	椒類蔬菜 （Peppers）	扇貝南瓜 （Custard Squash）
浦公英 （Dandelion）	綠花椰菜 （Broccoli）	蘆筍 （Asparagus）	酪梨 （Avoca-do）	金瓜 （Golden Nug-get）
野苣 （Lamb's Let-tuce）	羽衣甘藍 （Kale）	茴香 （Fennel）		西印度群島南瓜 （West Indian Pumpkin）

葉菜類	蕓苔屬蔬菜	嫩莖蔬菜	果菜	南瓜類和葫蘆瓜類
芥菜（Mustard）水芹（Cress）	抱子甘藍（Brussels Sprouts）	菊苣（Chicory）		蛇瓜（Snake Squash）
黃花南芥菜（Rocket）	包心菜（Cabbage）	蕨菜（Fiddlehead Fern）		灰胡桃南瓜（Butternut Squash）
葡萄葉（Vine）	皺葉甘藍（Savoy Cabbage）	芹菜（Celery）		歐南瓜（Marrow）
酸模（Sorrel）	圓頭甘藍（Roundhead Cabbage）			筍瓜（Courgette）
紫萵苣（Radicchio）	白菜（Brassica pekinensis）			黃瓜（Cucumber）
苦苣（Endive）	小白菜（Pak-Choi）			
瑞士恭菜（Swiss Chard）	紅色高麗菜（Red Cabbage）			
蕁麻（Nettle）	高麗菜（White Cabbage）			

表6-1-2 蔬菜類II

根菜	塊莖	豆莢及種子	鱗莖類蔬菜
白蘿蔔（White Radish）	薯蕷（Yam）	豌豆（Pea）	蒜苗（Leek）
日本蘿蔔（Daikon Radish）	菊芋（Jerusalem Artichoke）	脆甜豌豆（Mangetout）	醃漬洋蔥（Pickling Onion）

根菜	塊莖	豆莢及種子	鱗莖類蔬菜
納維特蘿蔔 （Navette Radish）	甘藷 （Sweet Potato）	小甜豆 （Petites Pois）	西班牙洋蔥 （Spanish Onion）
斯可佐那拉森 （Scorzonera）	新品馬鈴薯 （New Potato）	甜玉米 （Sweet corn）	大蒜 （Garlic）
美洲防風 （Parsnip）	克雷格皇家馬鈴薯 （Craig Royal Red Potato）	秋葵 （Okra）	紅蔥頭 （Shallot）
蕪菁 （Turnip）	塞普勒斯新品馬鈴薯 （Cyprus New Potato）	豆芽 （Bean Sprouts）	青蔥 （Spring Onion）
瑞典蕪菁 （Swede）	朋特蘭獵鷹馬鈴薯 （Pentland Hawk Potato）	蠶豆 （Broad Bean）	大紅洋蔥 （Large Red Onion）
芹菜根 （Celeriac）	朋特蘭騎士馬鈴薯 （Pentland Squire Potato）	四季豆 （Green Bean）	義大利紅洋蔥 （Italian Red Onion）
紅衣蘿蔔 （Red Radish）	朋特蘭皇冠馬鈴薯 （Pentland Crown Potato）		
甜菜根 （Beetroot）	狄絲雷馬鈴薯 （Desiree Potato）		
胡蘿蔔 （Carrot）	愛德華國王馬鈴薯 （King Edward Potato）		
	馬力斯派珀馬鈴薯 （Maris Piper Potato）		

三、蔬菜的介紹

1. 朝鮮薊（artichoke）

朝鮮薊是東方薊類植物，原是北非多年生植物的花頭（圖

6-1），如今成為歐洲的多令蔬菜。朝鮮薊營養豐富，鮮嫩的花辦可以折下生吃。整棵花心和蕾座都可以醃漬當開胃菜，也可以罐裝或冷凍出售。烹調法有焗烤、油炸或水煮，或是填入其他食材搭配油醋汁當沙拉。不論放在湯裡煮，或用燜煮、蒸或煎當副菜皆宜。朝鮮薊形狀特殊，料理美味足以增加食慾，因此常當第一道菜上，配合宴會的開胃酒。

圖6-1　朝鮮薊

2. 蘆筍（asparagus）

　　美國多用綠色蘆筍，歐洲則多食紫色或白色蘆筍（圖6-2）。蘆筍原生於歐洲，春季或夏初時，植株上的嫩芽從砂質的地底冒出。耕種白色的蘆筍非常耗工，植株沒有三年是無法收成的，所以蘆筍不便宜。若在山丘地上蓋上塑膠布，可以加速蘆筍的成長。新鮮的白蘆筍可以搭配奶油熱食，或煮熟放涼搭配油醋汁當沙拉，也可以加在湯裡。昂貴的開胃菜*quiche* 和*soufflé*中常發現白蘆筍的蹤跡。通常白蘆筍是從歐洲進口的，綠蘆筍則是在地或從美國進口的。

圖6-2　蘆筍

3. 四季豆和綠豆芽（green bean & green been sprout）

四季豆是豆科菜豆屬的植物，其未成熟的豆莢與種子在甜脆時摘取，做為蔬菜。另一種豆科植物；綠豆（mung bean），多食用其成熟的種子，一則煮湯，一則孵豆芽（green been sprout），亦為蔬菜的一種。許多豆類植物都是如此種植食用，例如pea, sweet corn, broad bean, etc.它們可以入沙拉、湯、副菜、配菜、燉菜。

4. 豌豆（pea）

豌豆是豆莢裡尚未成熟的種子，同屬豆科。豌豆通常摘取後冷凍或罐裝，所以常見於蔬食料理或沙拉中。

5. 甜菜根（beetroot）

甜菜根原產於地中海，是又圓又長，形狀像筒子的根莖蔬菜（root vegetables），肉色呈深紅色（圖6-3）。在美國，除了吃甜菜的根莖外，其菜葉也相當受歡迎，兩者皆可生吃，做沙拉或打成果汁，煮湯或熱食做副菜，亦可醃製做成罐頭泡菜。甜菜是微酸甜的蔬菜，本身豐富的深紫色，也可拿來當染劑用在食物配色中。甜菜根是俄國傳統羅宋湯（bortsch）的必備食材。

圖6-3　甜菜根

6. 綠花椰菜（broccoli）

綠花椰菜是蕓苔屬球花甘藍科的一種，緊閉的芽球本身呈深綠色，是種相當健康的蔬菜。近緣還有白芽球的花椰菜（cauliflower）和紫芽球，一般都拿來生吃或微燙煮食用，搭配融化的奶油或其他醬汁當配菜。通常，花椰菜會以煮、蒸、煎炸或焗烤（gratinate）的方式呈現。

7. 抱子甘藍；芽甘藍（brussels sprouts）

抱子甘藍是迷你、扎實、緊閉的包心菜一種（圖6-4），同爲蕓苔屬植物。它生長時是在植物的莖上成堆排列，因其耐寒，所以是理想的冬天蔬菜。質地較硬不適合生吃，多殺菁後再與其他材料製作。可當熟蔬菜做沙拉，亦可搭配奶油做配菜。

圖6-4　抱子甘藍

8. 綠色包心菜；甘藍菜（cabbage, green）

　　蕓苔屬的包心菜因季節而有不同的顏色和類型，春季包心菜的葉片平滑疏鬆，結球較小顏色較淡。夏季綠色結球種的頭部緊實厚重，淡綠色葉子緊閉有精緻的細梗。冬季白色包心菜（高麗菜）刨成細絲可做沙拉，也是燉湯做蔬菜配菜的好原料。德國泡菜（sauerkraut）是它著名的包心菜加工醃製品。

9. 紅色包心菜（cabbage, red）

　　紫紅色包心菜的頭部更為紮實，那是來自植物的花青素，所以熟製時可以加點醋保留原色。北歐多以文火燉煮來吃，英國將其切絲加酒醋醃漬，餐廳則取其顏色搭配其他沙拉生吃。

10. 皺葉甘藍（cabbage, savoy）

　　皺葉甘藍的葉子是澎捲的，皺泡泡的葉片呈黃綠色。因皺葉甘藍的形狀特殊，所以當盤底、切絲做沙拉、當主菜的配菜、包裹餡料、加火腿煮湯等，在廚房中使用頻繁。

11. 中國大白菜（cabbage, Chinese）

　　中國甘藍菜呈橢圓長形（約30公分）。頭部緊實，葉子有梗，葉梗是白色，葉片是黃／淡綠色。在東方料理中，大白菜可用來做涼菜、火鍋或素菜料理。西餐大白菜可以文火燉煮，或做沙拉配料。

12. 大頭菜；球莖甘藍（kohlrabi）

　　蕓苔屬的大頭菜以球狀的莖長在地面上，是包心菜的突變種（綠色及紫色），厚莖有蕪菁的美味，可水煮或切碎加入沙拉中。葉片也可當蔬菜食用，整株都有幫忙燉高湯的功能。中式料理也使用頻繁，或當涼拌小菜，或當快炒或蒸煮的蔬菜，更可以醃製成榨菜使用。

13. 羽衣甘藍；芥藍菜（kale）

　　羽衣甘藍原產於地中海一帶，皺葉或平葉皆有。雖然質地較粗，但它是冬季蔬菜耐寒，簡易水煮後瀝乾拌奶油是北歐的傳統吃法。

14. 紅衣小蘿蔔（radish, red）

紅衣小蘿蔔是根菜（root vegetables）一種，體積小、圓球型、根部很嫩、皮是亮紅色的、肉是白的、脆辣多汁。小蘿蔔是芥菜家族的一份子，並有相當鮮明的味道。通常在沙拉裡生吃，或配奶油當開胃菜，葉片也可以食用。

15. 蕪菁（turnip, white）

蕪菁是甘藍的家族，根部是橢圓的、頂部較平、皮很滑順，是歐洲冬季常使用的蔬菜。蕪菁常使用在湯類、燉煮、炊或煨做配菜。蕪菁綠葉也可以當蔬菜配主菜。

16. 胡蘿蔔（Carrot）

胡蘿蔔原產地是歐洲，屬於根菜（root vegetables）。現在全世界都在栽種，而且已有許多不同的品種。胡蘿蔔含有4-5%的糖，也是beta胡蘿蔔素最佳的來源，不但營養價值高，在料理界更佔有重要的地位。根型較小者，生吃味道脆甜。生鮮、罐裝或冷凍品都有售。它不但是燉高湯的基本，更可用來當蔬菜或配菜。質地結實，可以蒸煮、燉煮或淬取糖份給予菜餚光澤；即上糖油光（glazing）。

17. 根芹菜（celeriac；knob celery）

根芹菜在歐洲很普遍，塊狀根是當地秋冬最受歡迎的菜種。根芹菜可以切片當沙拉生吃，或切塊煮熟了當熟菜沙拉或蔬菜類食用。質地結實、味道類似芹菜（圖6-5），所以廚房將削好皮的根芹菜做高湯的基本材料。傳統農家將根芹菜磨碎或搾成泥糊煮湯配麵包。

圖6-5　根芹菜

18. 芹菜（celery）

芹菜源自英國，十六世紀由義大利園丁改良而成。芹菜乃根莖類的蔬菜，根小，但綠色的莖柄肥厚，中心處特別脆嫩，所以常常當開胃菜、沙拉生吃。它可以當配菜，也可以川燙後搭配醬汁，若以文火燉煮可帶出美味汁液，所以它也是做高湯的基本材料，若與其他食材一起焗烤（gratinate），也是佳餚。

19. 大黃（rhubarb）

大黃是多年生葉類植物，有很厚實的根，足以撐過嚴冬。主要使用的是紅綠色的葉柄（60公分），它很脆（類似芹菜），且有強烈的酸味。葉子有毒，但可藥用。常用植物的葉柄和其他水果加糖一起燉煮，做出許多餡餅、蛋糕、派、冰凍果子露等甜點。

20. 茴香（fennel）

茴香在溫和氣候的南歐生長，外形是緊閉的球莖（圖6-6），有其特殊的茴香香味，所以茴香也被稱為大茴香（giant anise）。依不同的種類，球莖可能短胖也可能是瘦長型的。顏色從淡綠色到白色都有。茴香要小心清洗，因為層層的葉子裡常有藏沙。茴香可切絲放在沙拉裡生吃，或當蔬菜蒸／煮熟吃。茴香可以用文火燉煮做湯，也可以在碳火上烙烤或焗烤。

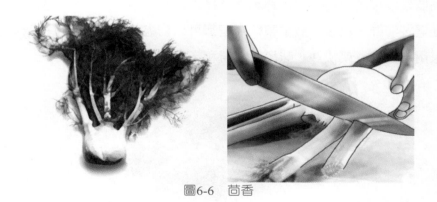

圖6-6　茴香

21. 苦苣；菊萵苣（endive, chicory）

　　捲葉苦苣一如其名，葉子呈鋸齒波浪形，外層的葉子是綠的，中間的葉子或淡綠或鮮黃（圖6-7）。捲葉苦苣味道有點苦跟辛辣味（bitter & spicy），它是沙拉的主角，不但增色亦有特別的口感。苦苣原生於亞洲和中國北部，品種繁多，細葉或寬葉，除了當沙拉，傳統以燜煨做熱菜。

圖6-7　苦苣

22. 比利時萵苣菜；比利時小白菜（endive, Belgian）

　　這類植物的根在夏天時栽種，全年都藏在溫室裡。在溫度與溼度配合下，根部會生出萵苣嫩芽包，因為避開光源所以比利時萵苣圓錐狀的尖端呈淡黃色，底部和內心是白色（圖6-8）。使用時，比利時萵苣是沙拉的要角，一片片剝下直接加入沙拉中，或一片片剝下當湯匙盛裝海鮮，總之，幾乎整棵萵苣都可以物盡其用。萵苣也很適合拿來用文火燉煮或快炒，味道有點苦和辛辣味。

圖6-8　比利時萵苣菜

23. 紅綠菊萵苣（radicchio）

菊苣有紅葉有綠葉之分，紅色全年都有供應，綠色只有在春天才有。它的特色是紅綠菊苣有著白色的葉脈（圖6-9），非常醒目耀眼，所以常用來當沙拉的主角或其他料理的裝飾，雖然葉片也有點苦澀味。

圖6-9　紅菊萵苣

24. 羅曼萵苣（romaine）

羅曼萵苣的栽種歷史久遠，其頭部較長，深綠色葉子很堅韌，中間的梗非常結實也很明顯，組織多汁甜脆，它是凱撒沙拉（Caesar salad）的招牌。除了深綠色，還有淡綠色與紅色的品種，通常頭部比較鬆散。羅曼萵苣可當沙拉生吃，也可煮熟當蔬菜配料。

25. 佐生菜萵苣（escarole）

佐生菜萵苣是一種綠葉菊苣的家族成員，寬葉頂部較鬆散，外部的葉子柔嫩深綠，裡面的葉子則是黃色的。雖然本身帶點苦味，但可以刺激食慾。佐生菜萵苣可當沙拉或湯裡的蔬菜，也可以用文火燉煮或用大蒜加橄欖油快炒。東方料理習慣用它來包裹飯/肉再沾醬食用。

26. 波士頓萵苣（lettuce, Boston）

在許多的萵苣種類中，butter head lettuce或稱波士頓萵苣是最受

歡迎的。在歐洲，它的鮮脆、簡單的處理方式、以及容易消化的特點
都是備受歡迎的原因。爲了防止維生素流失或萵苣枯萎，建議上菜前
再加入葉片即可，不宜久煮。

27. 西生菜萵苣（lettuce, iceberg）

西生菜萵苣有著層層緊密包圍、結實、卷曲、光亮、淡綠色的葉
子。它很清脆、清新且十分淡雅，因爲沒有強烈的苦澀味，所以是沙
拉中重要的配角，提供足量體積的基本材料。它可以做盤飾，突顯其
他食材的主題，也可以配合大多數不同的沙拉醬。

28. 散葉萵苣（lettuce, loose-leaf）

散葉萵苣是市場上多種萵苣的統稱。此類萵苣約20公分長，頂
部較鬆散有著捲曲的綠、黃、或紅色的葉子（圖6-10）。味道溫和，
適合與其他食材搭配。萵苣原產於地中海一帶，現已遍佈世界各地。
萵苣全年皆可取得，但在夏天時熱帶國家無法生長。

圖6-10　散葉萵苣

29. 甜玉米（sweet corn）

玉米又稱爲玉蜀黍或印地安玉米，不需全熟就可採收，甜玉米中
的糖在熟化期間會慢慢轉變成澱粉。市面上有新鮮玉米、冷凍品及
罐頭食品。新鮮玉米可以當蔬菜使用，只要沒有蟲害，完美的玉米穗
是最好吃的。爲了保護玉米不流失糖份，儲存時應連同玉米殼一起儲

存。玉米粒常使用在沙拉中，或當增加色香味的配菜。玉米可入湯水煮、炙烤、也可搾成泥裏麵糊油炸，成熟的玉米粒還可以磨成粉做餅和麵包。

30. 水芹（cress）

野生的水芹生長在潮溼的溝或溪中，市售的水芹則是人工栽植的。水芹吃起來有蘿蔔脆脆的嚼感，味道有點苦也有點辛辣。Garden cress是類似的產品，但比較溫和。葉子通常會被採收起來做沙拉或三明治，也可拿來當主菜的配菜做盤飾。若要放水芹在湯中，建議最後才放，因為水芹很快就會煮爛。水芹也可切碎當巴西利灑在成品上使用，或放在濃湯裡來煮，味道濃郁。

31. 菠菜（spinach）

菠菜是相當受歡迎的一年生葉菜類，葉子深綠有長的葉柄。菠菜原產於波斯，經阿拉伯、伊朗等地傳到了義大利跟西班牙。紐西蘭菠菜種類可能在十八世紀時經探險家帶回了歐洲，雖然外觀與味道相近，但它在植物學上與菠菜無關。菠菜富含鐵跟維生素A、B、C，並有鈣及一些蛋白質。由於內含草酸，因此有點令人愉快的酸味。菠菜可拿來煮湯，做蔬菜料理或做沙拉生吃。

32. 茄子（eggplant）

茄子原生於印度，富含水分故稱蛋果。它的形狀多呈橢圓形或長條形，顏色從深紫色、白色到綠色，長條形茄子皮較薄，厚紫茄皮厚約0.5公分。茄子富含大量的維生素A、B、C、鉀及磷，屬於營養價值極高的水果蔬菜。茄子可和其他蔬菜一起烹調，或加些填充物油炸，或當成蔬菜來焗烤。茄子可放在爐火上直接炙烤、煎炸、烘烤、用文火燉煮或快炒。

33. 秋葵（okra）

秋葵原生於熱帶非洲棉花科植物的果實，外皮有脊狀線，長約3～5公分，色綠，味道像嫩的綠豆莢，所以秋葵又稱為玉女指或

黃秋葵（圖6-11）。秋葵必須熟食，殺菁後放涼可用在沙拉中，亦可沾麵糊油炸。切段的秋葵煮時會釋放出粘稠物質（viscous substance），在美國南部著名的秋葵濃湯（gumbo soup）、印度燉菜（*bhindi masala*）、中東燉菜（*bamia*）裡面都有秋葵當主角。

圖6-11　秋葵

34. 蕃茄（tomato）

蕃茄是原產於南美洲的漿果，在生產銷售量上永遠排第一名，因為蕃茄是全年產的。蕃茄的形狀、大小還有風味多樣，而且一直有新的品種在推陳出新。蕃茄可在田野裡耕種，但目前有越來越多的蕃茄是在溫室裡栽種。蕃茄屬於水果蔬菜，可多用途使用，特別是在當今的飲食上，蕃茄可做蔬菜熟食，亦可放在沙拉中生吃。它可做湯也可做醬料，它可當裝飾用，也可以川燙、快炒、炙烤或用焗烤的方式來料理，還可以製罐頭。

35. 大蒜（garlic）

大蒜起源於中亞，在歐洲則從中世紀開始使用。大蒜在土壤裡以球狀成長，每顆大蒜裡面大約有十棵白色小鱗莖（蒜瓣），以乾燥的外皮保護著。大蒜最常用來增添菜餚美味，或做醬料，每次使用量不大。

36. 蒜苗（leek）

蒜苗是歐洲相當普遍的多季蔬菜，蒜苗的根小小隆起像球，有很長的圓柱形長柄和散狀的綠葉（圖6-12）。如今在世界各地越來越常見，因爲它的味道不似洋蔥般辛辣，可用來煮湯、做蔬菜或放在沙拉中。蒜苗也可以拿來快炒、蒸、煨或用焗烤的方式處理。

圖6-12　蒜苗

37. 紅蔥頭（shallot）

紅蔥頭是小的、長的、紫白色的小洋蔥近親，形狀像大蒜，大約2～3公分大，外面有乾的紅棕色外皮。紅蔥頭味道並不刺激，法國料理中使用頻繁，主要拿來炒香增加醬料的風味。紅蔥頭還可用來快炒或搭配焦化糖汁，增加其他菜餚的外觀與色澤。

38. 洋蔥（onion）

洋蔥的家族依生長時期、季節、形狀、大小、顏色、口味及儲存力而不同。例如：青蔥（spring onions；scallions；green onions）是在鱗莖尚未成形並且柔嫩時摘取，整串是白色的長莖和底部球莖，綠色的葉，春夏豐收。

皮是淡黃色或白色的大洋蔥（summer onions），形狀有球形或長形，頂部略爲綠色，白色的特別辛辣。烹煮上常使用的黃色洋蔥，內層白色柔軟多汁，適合快炒、在表面澆糖汁（glaze）、成圈沾粉

油炸或以焗烤的方式來料理。

皮是紅色的中長形洋蔥（red onions），新鮮的味道甜美風味佳，可以加在沙拉裡或夾三明治生吃，還可以煮熟做醬料，或當裝飾。夏天有鮮貨，也可以乾燥後儲存起來秋天賣。

皮是鮮黃色、扁平或橢圓形、中型洋蔥（yellow onions），味道溫和，尤其適合做洋蔥湯，通常也是乾燥後儲存起來的產品。西班牙大洋蔥（Spanish onions）刺激性小且容易保存，在歐洲使用多。小珍珠醃漬洋蔥（pearl onions；pickling onions）體積小，色白，通常直徑約2～3公分，是在鱗莖剛形成時採收的，適合醃製做泡菜，可搭配開胃菜或做盤飾。

39. 椒類蔬菜（peppers）

椒類蔬菜原生於熱帶中美洲，家族（capsicum）有各種顏色跟形狀，綠、黃、紅、紫色最為普遍。甜椒體形大肉厚、汁多、味甜、籽少，多當蔬菜使用，吃法生熟皆宜。夏季青椒除了當蔬菜外，還可以當外殼填充其他佳料，然後碳烤或烘烤。其他秋季變色的彩椒多用於快炒或加在沙拉中配色增彩。

另外一個同家族的紅辣椒（chilies），形小、肉薄、籽多、味道辛辣。例如peperoncini，cayenne都使用在香料領域。

40. 黃瓜（cucumber）

黃瓜與南瓜同科，原產於印度。大黃瓜是深綠色田野栽種的，瓜形較粗大且皮厚硬，另一種是溫室栽種的綠色小黃瓜，瓜形較細小且皮薄易脆（圖6-13）。黃瓜有很多水分，卡路里極低。小黃瓜會用醋、香料、鹽巴及糖來醃製做罐裝保存。如果以黃瓜大小及使用的香料來分，市售的酸黃瓜有：醃漬小黃瓜（gherkins）、熟製大形酸黃瓜（delicatessen pickles）、加芥末的酸黃瓜（mustard pickles）、加茴香的酸黃瓜（dill pickles）及甜的酸黃瓜（sweet pickles）。黃瓜是傳統冷食，熟的黃瓜可以迅速改變其強烈的味道。醃製的酸黃瓜可

以搭配其他的食物，增加食慾，常見於三明治、漢堡等中歐、東歐菜餚中。黃瓜也可以鹽漬，加在湯裡或醬料中搭配魚產，鹽漬是移除黃瓜中澀水的方法。

圖6-13　黃瓜

41. 櫛瓜；綠皮南瓜（zucchini）

　　櫛瓜是蔬菜南瓜類，形狀像小黃瓜，但皮軟不脆。切片時呈多角狀，一般約15～20公分長。最受歡迎的是有斑點的品種，黃色的品種也可在市面上取得（圖6-14）。它是烤蔬菜的主角，也可生吃用在沙拉中。櫛瓜可用文火燉煮，可快炒，也可油炸。尤其是盛開的黃花沾麵糊油炸後，是開胃菜也是盤飾。

圖6-14　南瓜

四、松露及菇類的介紹（表6-2）

菇類代表可食的真菌類，有野生的也有栽種的，有醃製的也有乾燥的。菇類除了含有80%的水份、8%的碳水化合物、以及1%的脂肪外，還有豐富的蛋白質與維生素、礦物質。菇類種類繁多，有的可食，有的卻有毒性。

菇類的料理是許多人躍躍欲試的項目，有些吃新鮮的小菇，加入沙拉後滋味極美。有的切片先煮至半熟，再裹入有麵包屑的蛋液中去油炸。乾的菇類用毛刷清潔表面，不可浸水。一般而言，85公克的脫水菇類泡水後，約等於450公克的新鮮菇類。現僅就數樣說明：

1. 牛肝菌（boletus, porcini, cèpes）

牛肝菌在市場上稱為bletus（英文）或cèpes（法文）或porcini（義大利文），它是一種帶有果香味的菇類，可以在夏秋兩季的針葉林中找到，採菇已是現在許多歐洲國家流行的休閒活動了。

較年輕的牛肝菌頂是圓的，約10～20公分大，巨大的菇重量可達約1公斤。菇的表面相當平順、閃亮，在潮溼的氣候下會有點泥漿附在上面的感覺。顏色會因種類、菇齡、地點而有所不同。顏色從紅棕色到幾乎黑色，有時是從淺棕色到赭色。頂部的邊緣會彎曲到底下，隨著菇齡增長邊緣會慢慢直起來。年輕的菇頂部蕈摺是白色的，菇齡越大，顏色會轉成黃色，甚至是綠色。這些毛孔上的顏色很容易清洗掉。菇的頂部不能去皮。Porcinis的莖部相當結實，也比較肥大，菇齡小的時候，莖部甚至是圓的；等完全成熟後，開始變成粗大的圓柱狀。莖的顏色比頂部還要淺。菇的頂部連接的是繽密的白色蕈摺，味美。

Porcinis可拿來煮湯，做熱的開胃菜或配菜，可和新鮮的草本植物一起快炒，也可和重奶油一起用文火燉煮。使用乾的Porcinis，香

味更為濃郁，尤其是燉飯類。Porcinis搭配起司和奶油類的醬汁是許多澱粉食品或肉類的最佳配料。

2. 黑松露（black truffle）

黑松露是生長在橡木或山毛櫸根節的結節菌，約1～8公分，本身布滿淺色紋脈小瘤，顏色從紫黑色到紅棕色都有。松露有強烈獨特的香味，所以價格昂貴，例如佩里戈爾黑松露（*Tuber melanosporum*）、英紅紋黑松露（*T. astivum*）。新鮮松露是在秋天採收的，可以磨碎加入麵食或燉飯中生吃，或與其他食材煮熟享用。經典的宴會菜餚中以蛋類或乳酪類最配，松露也可加進湯裡、醬汁或做為許多冷、熱盤的裝飾。

3. 白松露（white truffle）

白松露的形狀不一，大小跟鴨蛋差不多，直徑約4～12公分，重量約500公克左右。白松露顏色呈白黃色，有的皮很滑順，沒有瘤狀物，有些會有裂縫夾些土屑，像大理石般的斑點，只要用毛刷輕拭即可。白松露香味濃郁，是菇類中最昂貴的一種。白松露可以生吃或用在沙拉裡，常被使用在開胃菜中。它也可以細切加入燉飯或做麵餃料理，白松露與其他菇類一起油炒，是非常經典且昂貴的配菜。

4. 栽培洋菇（cultivated mushroom）

傳統的人工栽培洋菇是在馬糞裡完成的，主要有三種大小：小的又稱鈕子洋菇，中的稱為杯子洋菇，大的稱為扁平洋菇。新鮮的洋菇多半生吃，尤其加入沙拉後滋味極美。洋菇亦可熟製、烹煮後享用，若加入酸醋汁醃泡也可做開胃小品。

表6-2　松露及菇類

松露（Truffles）	栽培洋菇（Cultivated Mushroom）
木耳（Wood Ear）	野洋菇（Field Mushroom）
盤菇（Rubber Brush）	杯子洋菇（Cup Mushroom）

牛肝菌（Boletus）	扁平洋菇（Flat Mushroom）
羊肚菌（Morel）	釦子洋菇（Button Mushroom）
香菇（Shiitake）	藍紫洋菇（Blewit Mushroom）
鬱金菌（Chanterelle）	草原野菇（Field Mushroom）
	牛排蕈（Beefsteak Fungus）
	洋傘菇（Parasol Mushroom）
	石蕈（Cep）

五、水果、堅果的介紹（表6-3-1，表6-3-2，表6-3-3）

考古學家發現人類從八千年前就開始嘗試種植水果，可見水果在飲食文化中的歷史與重要性。世界各地的水果品種繁多，加上農業科技的發達，日日都有新的變種與混種出現。無論新鮮的、脫水的、罐裝的、冷藏、冷凍的產品，樣樣都可以配合料理，增添飲食的樂趣。現僅就數樣說明：

1. 酪梨；鱷梨（avocado）

酪梨是顆大且橢圓的果實，中間有個很大的棕色果核。酪梨表皮有黑疣，顏色從新鮮的深綠轉為成熟的棕黑色，裡面淡綠色的成熟果肉富含油脂，這種油潤又高營養的果實卡路里也很高。許多熱帶國家都有栽種，事實上它是原生於中美洲。切開的酪梨很快就會變黑，因為味美所以常被當開胃菜（avocado cocktail），亦可拿來做湯、沙拉，主要還是用來做沾醬（Mexico guacamole）。

2. 藍莓（blueberry）

藍莓叢在歐洲及美國很普遍，如今野生藍莓在市面上已被人工栽種的藍莓給取代了。人工栽種的藍莓也叫做高叢藍莓（high-bush），其體積比野生藍莓大些。樹叢會長出圓形、豆子般大小的漿

果。一開始這些莓是綠色的，之後轉紅，成熟時是藍黑色。藍莓多汁裡面有很多小籽，常常在優格中加些新鮮的藍莓食用。如果要放在水果餡餅或糕餅中，藍莓可先用糖煮成醬汁再搭配。

3. 蔓越莓（cranberry）

　　歐洲蔓越莓比美國蔓越莓的體積來得小。蔓越莓生長在低矮的常青樹叢上，美國品種則是在泥塘中栽種。蔓越莓味道相當的酸，所以無法生吃，只有煮過後味道才會好些。通常用它煮過做成蔓越莓醬，酸甜口味非常適合搭配烤火雞或其他菜餚，亦也可做為水果甜點、果汁、或烘培糕點。

4. 覆盆子（raspberry）

　　許多覆盆子的品種都是野生的，或栽種生長在潮溼、陰涼的區域。野生覆盆子比人工栽種的覆盆子更有風味。新鮮覆盆子可加些鮮奶油當甜點生吃，也可以放在小型水果塔裡，還可以搭配冰淇淋享用。覆盆子可做蜜餞、糖煮水果湯、果醬、果汁、糖漿或果凍。

5. 櫻桃（cherry）

　　櫻桃是核果，廣受歡迎。櫻桃有淡紅色，也有深紅色和深紫色。顏色的不同與品種有關，口味與形狀也會決定櫻桃的用途，例如多汁、甜美、顏色深、個形大的櫻桃會被選為桌上的新鮮水果盤；其他較差的就會做成果醬，或煮醬當烘培甜點的佐料。許多去核（pits）的櫻桃則加工做成罐裝水果或冰凍產品。

6. 李子（plum）

　　李子是圓形的夏末水果，多汁的果肉從金黃色到黃綠色都有，市場上還有紅肉與黑肉品種。李子吃起來是微甜極酸，皮薄的可當做桌上水果，皮厚的多做成蜜餞、糖煮水果湯或果醬，產品都可放在冷／熱及冰凍的甜點中使用，增加口味與色澤。法國及南斯拉夫還把黑李子製成利口酒（liqueurs）跟白蘭地（brandies）。

7. 椰棗（date）

椰棗原生於阿爾及利亞和突尼西亞一帶的沙漠綠洲中，椰棗樹可長至30公尺高，椰棗樹的果實（date palm）每株收成量大約都有50～100公斤。新鮮或乾燥的椰棗用在甜點或烘培食品中。新鮮的椰棗濃漿還可拿來當甜漿使用。

8. 無花果（fig）

無花果看起來像一個大水滴，品種有數種，包括白色、紫色及紅色。其外部有層藍綠色的薄層，一旦果子成熟，這層薄層很輕易就可去除。在地中海諸國，新鮮無花果可當水果生吃，非常可口。果肉如果是白色的，又軟又甜，果肉如果是紅色的裡面有粉紅色的籽，紫色無花果的籽是深紅色的。新鮮無花果可放在醃汁裡醃製，成品可用在沙拉、糖煮水果湯中，也可放在冰淇淋裡吃。無花果乾用在烘培產品中味道絕佳。

9. 橄欖（olive）

橄欖樹的樹齡可達2000年，橄欖是綠色橢圓形的小果實，無法直接食用。橄欖內含22%的脂肪；連橄欖核裡都有足量的油脂，所以可以榨橄欖油。綠色橄欖在未成熟時就要採收，經鹽漬去苦澀後，泡在鹽水中發酵軟化，變得可口，市售的綠橄欖裡會塞紅椒（pimientos），增加顏色，所以常常搭配開胃菜或加入沙拉中生食。

黑橄欖成熟後才採收，經鹽滷去辛澀後，泡在油中。黑橄欖也常加入在沙拉中生食，但大部分都用在烹飪菜餚中，比薩餅就是黑橄欖的主要舞台。所以綠橄欖較鹹，黑橄欖較油，它們都可當冷／熱盤的料理裝飾，也可以跟開胃酒一起搭配。

10. 落花生（peanut）

落花生原產於南美洲，它是豆科植物生長在地底下的高營養豆莢種子，植物大約70公分高，開花後的莖會下垂到土地裡，豆莢就在地底成熟。新鮮的落花生可以生食，或拿來烘烤、加鹽油炒，許多人

喜歡簡單吃配雞尾酒。在東方的地方特色料理中都會用到落花生，而花生醬則是美國做三明治的主要材料。落花生也可拿來榨油，花生油是許多地方的食用油。

11. 大胡桃（pecan）

大胡桃是美洲原產的薄殼胡桃，它是山胡桃屬（hickory）的一種，跟核桃（walnut）很像，兩者一直到這世紀才區分開來，有各自的名稱。大胡桃在樹上時被長毛的橢圓外殼包覆著，堅果殼本身是平順、閃亮瘦小的。大胡桃跟其他核桃不一樣，不會很快有油脂變質的怪味，正因為大胡桃本身的脂肪較少，所以常做成核果小點配酒，有原味和鹹味兩種。大胡桃通常會用在糕點、麵包或蔬菜料理中，最經典的作品是pecan pie。

12. 胡桃（walnut）

胡桃又被稱為英國胡桃或波斯胡桃，綠色的幼胡桃會浸在醋汁裡，沒成熟的胡桃可做墨西哥著名的辣味胡桃醬（chilies en noga-da）。成熟的胡桃外層是殼，裡面有似木的內殼，再裡面才是核仁。胡桃仁可整個拿來碾碎做甜點吃，也可以當冷盤或沙拉的材料。此外，胡桃很能搭配起司，核仁又可以製核桃油。美國的黑胡桃個大，味道濃郁；油胡桃又稱白胡桃，個小色澤明亮，兩者都是烘焙的重要材料。

13. 開心果（pistachio）

常青的開心果樹原生於中東及中亞，適合生長在火山的土壤裡。開心果仁是淡綠色的，含脂量很高。常使用在小糕點、甜點、冰淇淋、醬料、麵糰、肉凍與香腸（*mortadella*）中。

表6-3-1　水果I

核果	漿果	柑橘屬水果	
桃子（Peach）	黑醋栗（Blackcurrant）	柳橙（Orange）	
櫻桃（Cherry）	藍莓（Blueberry）	椪柑（Tangerine）	
椰棗（Date）	覆盆子（Raspberry）	金桔（Kumquat）	
油桃（Nectarine）	蔓越橘（Cranberry）	克門提柑（Clementine）	
杏桃（Apricot）	野草莓（Wild Strawberry）	蜜柑（Satsuma）	
李（Plum）	黑莓（Blackberry）	葡萄柚（Grapefruit）	
西洋梨（Pear）	醋栗（Gooseberry）	萊姆（Lime）	
	紅醋栗（Red Currant）	檸檬（Lemon）	
	落根莓（Loganberry）	枸櫞（Citron）	
	草莓（Strawberry）	醜橘（Ugli）	

表6-3-2　水果II

蘋果	葡萄	其他水果	甜瓜	熱帶水果
史密斯奶奶（Granny Smith）	葡萄（Grape）	榲桲（Quince）	歐根甜瓜（Ogen）	番石榴（Guava）
黃金美味（Golden Delicious）		柿子（Persimmon）	西瓜（Watermelon）	百香果（Passion-fruit）
布藍萊（Bramley）		霸王梨（Prickly Pear）	沙藍泰斯瓜（Charentais）	奇異果（Kiwfruit）
星王（Starking）		香蕉（Banana）	哈密瓜（Cantaloupe）	木瓜（Papaya）
斯巴達（Spartan）		無花果（Fig）	蜜瓜（Honeydew）	芒果（Mango）
海棠（Crab Apple）		石榴（Pomegranate）	高盧瓜（Gallia）	費喬亞果（Feijoa）
麥金塔蘋果（McIntosh）		大蕉（Plantain）		鳳梨（Pineapple）

蘋果	葡萄	其他水果	甜瓜	熱帶水果
紅色美味 （Red Delicious）		食用大黃 （Rhubarb）		
舵手橘蘋果 （Cox's Orange Pippin）				

表6-3-3　水果III

水果乾	堅果	
無花果（Fig, dried）	胡桃（Walnut）	非洲土杏紅（Tigernut）
西洋梨（Pear, dried）	巴西栗（Brazil nut）	栗子（Chestnut）
桃子（Peach, dried）	大胡桃（Pecan nut）	開心果（Pistachio nut）
李乾（Plum, dried）	腰果（Cashew nut）	土杏紅（Chufa nut）
杏桃（Apricot, dried）	榛子（Filbert）	椰子（Coconut）
椰棗（Date, dried）	杏仁（Almond）	夏威夷果（Macadamia nut）
香蕉（Banana, dried）	落花生（Peanut）	松子（Pine nut）
無籽葡萄乾（Currant, dried）		
葡萄乾（Raisin, dried）		
蘇丹娜葡萄乾（Sultana, dried）		

西餐實習菜單

Lab Menu#6
Recipe 6-1: Waldorf Salad
Recipe 6-2: Ratatouille

Lab Recipe6-1 *Portion: 8*	Waldorf Salad		
ITEM#	INGREDIENT DESCRIPTION	QUANTITY	
1.	Potatoes, large	1	ea
2.	Red apples, large	4	ea
3.	Pineapple chunks, 8oz/can	4	ea
4.	Celery	125	gm
5.	Lettuce, leaves	8	pcs
6.	Mayonnaise	200	gm
7.	Lemon juice	20	gm
8.	Sugar	1	tsp
9.	Salt	1/2	tsp
10.	Peanut (or walnuts)	50	gm
11.	Raisins	50	gm

Mise en place

1. Peel and dice potato first. Steam and chill.
2. Drain pineapple cans, save juice.
3. Dice (with skin) apples into 1.5cm cubes, soak in pineapple juice to avoid browning.
4. Dice pineapple chunks and celery into the same size as apples.
5. Chill mixed fruits before serving.
6. Bake peanuts (or chopped walnuts) in oven (200°C/200°C) about 1 minute.

Method

1. Mix mayonnaise, lemon juice, sugar, and salt well as dressing. Chill.
2. In each salad bowl, put a piece of lettuce leaf first, spoon over mixed fruits.
3. Top with dressing, sprinkle with peanuts and raisins.

Pieces = pcs; each = ea; gram = gm; milliliter = ml; table spoon = tbsp; tea spoon = tsp

Lab Recipe6-2 *Portion: 32*	Ratatouille		
ITEM#	INGREDIENT DESCRIPTION	QUANTITY	
1.	Onions	450	gm
2.	Garlic	40	gm
3.	Red chili peppers	10	gm
4.	Bell peppers, assorted color	1800	gm
5.	Eggplants	1500	gm
6	Zucchini, fresh	1500	gm
7	Marjoram twig, dried	2	tsp
8.	Basil, fresh	30	gm
9.	Thyme, dried	2	tsp
10.	Parsley	100	gm
11.	Pronto tomato	1200	gm
12.	White wine	500	ml
13.	Salt & pepper	dash	

Mise en place

1. Peel and dice onions, garlic, and red chili peppers.
2. Cut bell peppers in half, remove seeds, and dice.
3. Trim and dice eggplants and zucchini.
4. Wash and chop marjoram, basil, and thyme.
5. Wash parsley, remove stems, and chop. Remove liquid by using cheesecloth.

Method

1. Sauté onions, garlic, and diced peppers in olive oil.
2. Add eggplant, zucchini, marjoram, thyme, salt and pepper. Cover and braise.
3. When vegetables are tender, add Pronto tomato, chopped basil, and white wine.
4. Serve with drained parsley.

Pieces = pcs; each = ea; gram = gm; milliliter = ml; table spoon = tbsp; tea spoon = tsp

第七章

沙拉與沙拉醬
Salad & Dressing

在傳統的法式經典大餐菜單中（表1-2），供餐順序與13個項目裡只見爐烤菜附沙拉。現代的西餐菜單中，沙拉的地位不同凡響，可以當前菜，可以當主菜的配菜，甚至可以當甜點。本來沙拉只有生菜葉類，如今加入了水果、通心麵、馬鈴薯、海鮮、冷肉、蛋類等，讓沙拉變得更豐富更有味，足以當一份精緻主菜的份量。以往，沙拉是冷食，現在還有溫沙拉可用。所以要給沙拉一個定位不容易，為尊重原設計者之創意，只要主廚標示它是沙拉，它就是沙拉。沙拉是英文salad的譯音，上海譯做「色拉」，廣東、香港則譯做「沙律」。

一、沙拉的組合

西餐菜單的主要供應項目有四：開胃菜（appetizer）、沙拉（salad）、主菜（main course, entrée）和點心（dessert）。一般而言，沙拉並沒有嚴格的構成原則，可以在眾多且廣泛的食材中任意挑選組合，只要能夠：味道互襯、顏色協調、主體顯著、沙拉醬適當、溫度相宜，就是一份成功的沙拉。其實從營養的觀點來看，生的萵苣葉搭配新鮮的香草、水果和堅果都是最有價值的。如果準備互補味道，可以用較清爽的沙拉醬和自栽的香草葉，搭配一些煮過的蔬菜沙拉和米飯、豆類或義大利麵，也是營養的天然沙拉套餐。

沙拉的呈現有四個組合：⑴底座（base），通常是生的萵苣葉

（lettuce）或其他類似的淡雅蔬菜，光亮清脆。底座的目的在襯托(2)主體（body）的特色，例如蛋類、海鮮或冷肉片等，否則都是綠色蔬菜的話，只好雅稱它是綠色沙拉（green salad）了。(3)第三個要角是沙拉醬（dressing），它必須與主體搭配，不宜突顯亦不宜過量，清淡有輔助的功能。為了給沙拉更美觀的視覺，或讓人有意外的口感，一些花草或辛香料也是幕後功臣，此乃(4)裝飾物（garnish），惟須切記不可壓倒或減低沙拉本身的吸引力。

二、處理沙拉的基本原則

無論採用何種食材，最重要的是新鮮。若食用以冰涼為選擇，食材在清洗處理後，可先用濕巾包著冷藏（4℃）1小時左右，沙拉盤也必須冰鎮。由於食用沙拉的餐具多用叉子（fork），因此所有沙拉食材宜切成一口大小（bite-sized pieces）。玻璃或瓷的盤子、碗和大淺盤都很適合盛放沙拉（suit platters），它們能襯托出沙拉的新鮮度、冰涼感、顏色和形狀，讓沙拉呈現最好的一面。傳統的大木碗配木匙與木叉，也能表達該沙拉的故事或意義。

(一)葉狀沙拉的處理

首先要修整萵苣葉片，移除枯萎、蟲蛀、粗大的莖幹和葉脈，用大量的水仔細清洗，去除泥土和沙粒，不要挫傷葉子，也不要讓萵苣葉片浸泡於水中過久，否則維生素和礦物質會流失，後來放置在漏勺中除去多餘的水分。傳統是利用球狀鐵簍加離心力把水珠摔出去，現在已有小型旋轉式脫水機幫忙。沙拉盤裡的葉狀蔬菜如果帶水，不但破壞口感，還會破壞沙拉醬的組織。

清洗過的沙拉葉菜鬆散擺開放在冰箱裡，不能超過一天的保鮮時間，最好在上桌前的幾分鐘從冰箱拿出來退冰。葉菜類宜用手撕

（tear），刀切可能有瘀傷之虞。上桌的沙拉，要有鬆散又整齊的擺盤樣子，所以工作人員需要配戴塑膠手套（plastic gloves）或沙拉叉來提供服務，確保清潔衛生。

顏色能刺激食慾，設計時不僅要將沙拉擺出造型，更要以顏色取勝，加上適當的裝飾以增加吸引力。所以數種不同的萵苣葉或各式各樣（variations）的蔬菜搭配在一起，才能突顯現代冷廚師傅的精心設計。

沙拉葉不可浸泡在醬料中，最好多葉片的蔬菜沙拉在上桌前才淋醬，或在餐桌前面現場輕輕攪拌（toss; lightly stir）後才供應，比較能豐富口感。如果太早淋醬，鹽巴會吸收綠葉蔬菜的水份，使沙拉枯萎。若放在底座上的主體是剛熟製過的熱食，應避免直接接觸陪襯的葉菜類，以免破壞外觀。

(二)塊狀沙拉的處理

許多根、莖、果等蔬菜也是沙拉的主角，首先應去除紅色和綠色包心菜最外層的葉子，清洗乾淨外部，將塊根類去皮，移除受傷、蟲蛀等不佳部位。處理時，可使用削皮器削去芹菜和茴香最外層莖幹粗纖維，大型蔬果則依主廚指示切成大小備用。從營養的角度而言，建議選擇完好無瑕的當季蔬菜使用，不要將脆弱的黃瓜、節瓜和蕃茄去皮，蔬菜一旦經過切割或切絲之後要立即製作，以保存多一點的維生素、礦物質和纖維素。

生菜要切成方便食用的小片小塊，例如：甘藍菜、根莖類和茴香多切成細絲，甜椒多切成條狀（strips），蕃茄切成1/4～1/8角片（wedge），紅蘿蔔、白蘿蔔、黃瓜、南瓜則切成薄片（shred slices）。需要醃製的根、莖、果等蔬菜應提早與醬料攪拌均勻，讓它有充足的時間滲透入味。廚房們常常在大碗裡先準備好沙拉食材，小心與醬料攪拌均勻，動作溫柔才能覆蓋完整不會挫傷。攪拌時可使用專

用的工具，份量多時也可以配用塑膠手套親手調製。

　　包心菜類的沙拉先切絲（thin strips），加些許鹽巴揉搓去澀水後，再以適當的醃泡汁淋上並攪拌均勻，可以幫忙軟化組織。生的沙拉多用天然食材搭配，例如冷壓橄欖油、酸乳、果汁、蜂蜜或果醋等。新鮮的香草、堅果、水果或水果乾等裝飾物更有陪襯的效果。惟新鮮的香草如果碰到酸性物質很容易變色，所以最好在上桌前的那一刻才撒入。

(三)煮熟蔬果和豆類的處理

　　有些煮過的蔬菜必須清脆細嫩，所以殺菁不可以太軟，過涼水後備用。煮過的蔬菜可以切成特殊造型做盤飾，芹菜根和胡蘿蔔可以用挖球器挖出小球，白蘿蔔可以用雕刻刀將其造型。朝鮮薊是一朵綠蓮花台，底部挖空可填入組合沙拉。如果有些蔬菜會氧化變色，可以在切割後泡一下酸性液體避免褐變。

　　許多根莖、豆類的蔬菜會依照食譜指示，先處理才進行下一步的蒸、煮、煨、燉等工作。有些煮過的蔬菜或豆類要長時間泡在烹飪液體中保留原味，等其冷卻後才與其他醬料混合。如果是以蛋黃醬為主要沾裹對象時，蔬菜還必須非常乾燥，甚至充份冷藏過才不會讓醬料變稀。總之，煮熟的蔬果和豆類其後處理需要多方的思考。

三、沙拉的分類

　　雖然要給沙拉一個定位不容易，而且設計中也沒有嚴格的架構原則，但只要食材選擇搭配合宜、味道與顏色協調、主體顯著、沙拉醬適當、溫度相宜，就是一份討人喜愛的沙拉。如果依材料種類與使用目的來做區分的話，約可將沙拉分為6類：

1. 葉菜沙拉（tossed salad; leaf lettuce salad; simple salad ）

　　常用葉菜沙拉來形容它的清涼、淡雅、脆口、新鮮的特質，也許有些葉菜略微苦澀或辛辣（lightly bitter & spicy），但它能刺激胃口，非常適合溫熱帶地區或夏季食用。由於材料多爲葉狀，所以傳統西方家庭僅在大木碗中以大木匙和大木叉輕輕拌一拌（toss; lightly stir），然後大家傳遞依需求自助取量。在餐廳中則是上菜前才淋上醬汁，由顧客自行攪拌食用。

　　葉菜沙拉是主菜的附菜，植物性食材多爲綠色的萵苣葉類（radicchio, curly endive, escarole, Belgian endive, cress, iceberg lettuce, loose leaf lettuce, romaine lettuce）、菠菜等。它有刺激食慾的功能，可視爲開胃沙拉。

2. 蔬菜沙拉（raw vegetable salad; cooked vegetable salad）

　　蔬菜沙拉的食材是由非葉菜類的蔬菜所組成，依生食與熟食的差別可分爲兩類：可生食的蔬菜沙拉（raw vegetable salad）；須熟食的蔬菜沙拉（cooked vegetable salad）。由於溫寒帶地區的葉菜類生產有限，所以住民多以根、莖、果等蔬菜在秋冬季食用。

　　可生食的蔬菜（avocado, beet, bell pepper, carrot, celery, cucumber, fennel, cabbage, tomato, radish, zucchini）依塊狀沙拉的處理方式（7-2-2）後，可立即供應或當主餐的配菜。須熟食的蔬菜（artichoke, asparagus, beets, broccoli, cauliflower, corn, green beans, mushroom, cabbage, leek, potato, beans, bean sprouts）則依煮熟蔬果和豆類（7-2-3）來處理，可立即供應，也可醃漬做附菜。

　　有時將各式各樣的沙拉食材組合在一起，例如：綠色葉菜、生的或煮熟的蔬菜、豆芽、米飯或義大利麵食、水果和堅果，業者稱它爲沙拉總匯（composed salads）。有時將五顏六色的裝飾搭配沙拉，或擺放如花束一般，裡面有混合的葉菜沙拉、生的或煮熟的蔬菜沙拉、蘑菇沙拉和豆類沙拉等，在宴會中稱它爲沙拉拼盤（salad plate）。

另一種主菜的配菜因含澱粉質較高，有飽食的感覺，所以放在大碗中用冰淇淋勺挖取，稱為bound salad，例如通心粉沙拉、雞蛋沙拉、馬鈴薯沙拉等。總之，傳統的蔬菜沙拉在餐桌上飽腹踏實，歷久彌新。

3. 水果沙拉（fruit salad）

在溫熱帶地區或夏季，水果沙拉永遠是一道開胃的甜品沙拉。時令水果不僅容易消化，更能提供充足的營養和水份。惟須慎選水果種類來搭配主菜，組合才有意義。香草類植物可以做陪襯，乾果、糕餅或起司可以增加實質，宴會中一份春天水果沙拉拼盤（spring fruit salad plate）效果尤佳。

4. 主菜沙拉（main dish salad）

只要在葉菜沙拉、蔬菜沙拉或水果沙拉中，加入足量的蛋白質成份，配上豆類與澱粉類食品，讓人有飽足感又顧及營養，就可稱此份沙拉為主菜沙拉。現代人繁忙，為了快速用餐常常簡略樣數，或為健康起見不再大量食肉，所以套餐從開胃菜、沙拉、主菜和點心縮減到一份主菜沙拉，是許多當今人士的選擇。

其實，葉菜沙拉和蔬菜沙拉比較單調又缺乏主角，若能推出海鮮類、冷肉類、禽類對沙拉將更有吸引力，例如：橙色雞和野生稻沙拉、鮮蝦和蔬菜沙拉、金槍魚水果沙拉、庫斯庫斯雞肉沙拉、duck salad with peach chutney、Italian beef salad、plum turkey oriental salad等，都是餐廳的賣點。有時，主菜沙拉也是家庭消耗昨天多餘烤肉、烤火雞的方式，它可冷食亦可溫餐，只要味道和顏色協調、主體與沙拉醬配合、溫度相當，就是一份很好的主菜沙拉。

5. 模型沙拉（molded salad）

模型沙拉是夏季非常受歡迎的沙拉品項，也是一道有開胃效果的立體沙拉，讓人喜歡那透明又顫動的造型。模型沙拉的主要功臣是明膠（gelatin），可以使用無味的商業粉狀明膠，在大碗裡與熱溶液混合融化，或用明膠片泡水至柔軟膨脹後，擠出多餘水份再放到熱的溶

液中拌合。

　　準備明膠的同時，可以考慮是做甜的點心類模型沙拉還是鹹的開胃菜模型沙拉，選擇時應備妥可搭配的溶液顏色和香料。甜的產品常常混入水果丁、切碎的堅果和乾果、香草籽等食材，鹹的產品多加入些冷肉丁、起司粒、蔬菜丁等，目的在增加質地與口感，帶動味道和視覺上的效果。產品中可添加適量的鮮奶油、酸奶酪或醬汁，讓組織更有柔軟度。

　　一旦完成產品的組合，就倒入模具中送入冰箱冷藏。成型後的模具可泡溫水10秒幫助脫模，然後倒扣在盤中進行下一步的盤飾。許多廚師在設計上有不一樣的構思，有的做顏色層次感，有的先將它打蓬鬆再扣盤，有的塑造懸浮粒子的效果。總之，模型沙拉是餐桌上的藝術產品。

6. 冷凍沙拉（frozen salad）

　　冷凍沙拉也是一道夏季讓人喜愛的節慶沙拉品項，它的立體成型除了冷凍的草莓、菠蘿、水果粒、切碎的堅果外，少量的果汁和多量的軟奶酪（cream cheese, softened）、軟奶油（butter, softened）、鮮奶油（heavy whipping cream）或酸奶（sour cream）都是主要的功臣。由於它們結晶核不易實際凍結，所以冷凍過程中的攪拌極易打入空氣，造成冰砂（類似冰淇淋）的效果。

　　有些新鮮的生菜／蔬菜不適用於冷凍沙拉，因為解凍時可能會破壞它的組織、風味和質地。有時，一些凍藏過的蔬菜／水果與其他海鮮或肉類搭配，反而造成意外組合，例如：冷凍捲心菜北極蝦沙拉、冷凍華爾道夫蘋果沙拉、感恩節紅莓火雞冷凍沙拉、冷凍櫻桃、香蕉／菠蘿沙拉等。

四、沙拉醬的意義

沙拉醬（salad dressing；salad sauce；salad marinade）的種類繁多，主要的基底（base）都有一套標準食譜，也常依食譜的起源、組合和用途來設計新的配方。Salad一詞源自拉丁語中的「sal」；即鹽的意思，據說古羅馬人灑鹽和香料來幫助食用蔬菜，十六世紀法國宮廷流行組合葉菜沙拉（tossed salad）的醬料。如今在西歐，傳統的歐洲人還是喜歡使用香醋（vinaigrette）一份搭配橄欖油（olive oil）三份來食用葉菜沙拉，若再添加些辛香料更美味，成品還可放入瓶中冷藏，使用前搖晃均勻即可，義大利油醋醬（Italian dressing）是最佳代表。

【Salad Dressing公式】

Basic Salad Dressing = vinegar (1 part) + oil (3parts) + seasonings

沙拉醬（salad dressings）的主要原料有五樣且各有特色（表7-1）：

1. 醋酸（acids）：有促進食慾增加味覺的功能，強烈的酸味可以去除葉菜的苦澀或辛辣味。建議以果醋或酒醋為首選，檸檬汁或yogurt / sour cream也是甜點 / 沙拉醬的最佳選擇。人工合成的醋酸（white vinegar, distilled）不在推薦之列。

2. 油脂（oils or fats）：可以滋潤口感，突顯主體的風格，建議使用天然植物油或cheese來搭配鹹性沙拉，用cream或mayonnaise來襯托甜性沙拉。芝麻油（sesame oil）與花生油（peanut oil）的味道較強，可能會壓抑其他葉菜蔬果的原始風味，如非特別設計，建議保持低調。

3. 辛香料（flavorings）：可以幫忙提味，尤其是新鮮的草葉類香料（herbs）與葉菜或水果沙拉最合適。辛香味重的材料（shallots, onions, garlic）使用時要小心，建議用它擦拭沙拉盅貢獻味道即可，不宜將它切碎入菜，以免殘留口中不雅。

4. 鹽（salt）：可以幫忙調味，太鹹或太淡都會挫敗一道精心設計的沙拉，適當的品嚐可以調整鹹度，小份量的添加比較安全。不同的鹽香還能帶出不一樣的醬料風味，現已成為一股風潮。

5. 裝飾食材（garnishes）：有搭配襯托的價值，新鮮水果、香料籽或切碎的乾果都有讓人有意外的驚喜。

表7-1　沙拉醬（salad dressings）的主要原料

醋酸促味 （**Acid**：refreshing taste）	Red-wine vinegar, white-wine vinegar, sherry vinegar, herb vinegar
	Lemon juice, orange juice, yogurt, buttermilk, cottage cheese, sour cream
油脂潤味 （**Oils or fats**：heighten flavors, thicken, and absorb fat-soluble vitamins）	Olive oil, sunflower oil, safflower oil, grape-seed oil, walnut oil, linseed oil
	Heavy cream, creamed cottage cheese
	Egg yolks, mayonnaise
辛香提味 （**Flavorings**）	*Finely minced*: shallots, onions, garlic, capers, horse-radish
	Fresh herbs: parsley, chervil, tarragon, dill, basil, peppermint
	Mustard, honey, liqueurs
鹽鹹調味 （**salt**）	sea salt, mine salt, brine salt, season salt, Kosher salt
裝飾搭配 （**Garnishes**）	*Fresh fruits*: apples, pears, pineapple, mango, dated, figs, grapes
	Nuts & seeds: almonds, sunflower seed, pine nuts, pistachios, walnuts, sesame seeds, poppy seeds

五、沙拉醬中鹽（salt）的角色

沙拉中擔任裝飾搭配的食材很多，不論新鮮的草葉類（fresh herbs）或強勁的辛香料（spices），都可以幫忙調味（flavoring），其中最重要的當屬於鹽（salt）。鹽不是香料，是調味料，可以增加食物的天然風味，幫忙帶出口感，不足就無味，太鹹又變調，所以使用恰當很重要。

鹽：化學名稱氯化（NaCl）。成人每天需要3～6克的鹽，其中的2.5%是其他礦物質（鎂、氯化鈣、硫酸鈣等），這樣的量應該在每天均衡的飲食中就可取得，食用太多鹽會導致人體新陳代謝的問題。

內陸地區可從土裡將鹽礦採集出來，大的鹽塊石會被敲碎、磨成細粒，再把不需要的礦石和土塊篩掉，萃取為礦鹽（mine salt）。3億年前因地殼變動引進海水形成陸地的鹽礦，著名的橘紅色玫瑰鹽就是來自巴基斯坦的喜馬拉雅山脈。另一種是地底下的鹽井所湧出的天然鹹溶液，每公升至少有4克的鹽。蒸發（攝氏110度）後再離心脫水，鹽塊曬乾並磨成小顆粒，此乃鹵水鹽（brine salt）。

海鹽（sea salt）：是將海水經管子送到曬鹽場，經風吹日曬、水分蒸發後的結晶體。粗鹽可用來製臘肉或泡菜，粗粒經提煉、乾燥、研磨後變成細鹽（精鹽），溶解快適合烹飪使用。若添加其他礦物質（碘、鎂、鈣）或降低鈉成份，就變成治療性的產品。若將細鹽添加乾大蒜、乾芹菜、乾洋蔥、胡椒顆粒，就是餐桌上流行的加味鹽（season salt）。

現代人注重攝取礦物質，所以流行食用天然（南極）海鹽，此乃利用真空凝結所成的電解鹽。韓仁竹鹽是將天然海鹽裝填在竹筒內，用黃土封口再烤，被韓國推崇為無污染的有機食品。中國大陸將五香

粉與鹽巴一起拌合，隨身攜帶使用，是為淮鹽。東南亞喜歡使用魚露、蝦醬，一如中國的醬油，使用時應注意鹽份的取捨。西餐常用猶太鹽（Kosher salt）做菜，其實bacon和cheese中也都有鹽份，視為提供鹹味的另一種來源。

六、沙拉醬中油脂（oils or fats）的角色

油脂類產品不但能潤滑口感，其特殊的油脂香味更是打開食慾的門檻，此外它富含脂溶性維生素，更是製作菜餚時凝聚食材的力量。油脂類產品分兩大類（表7-2）：

動物性脂肪（animal fat）：例如乳脂（milk fat）和體脂（body fat）。廚房裡最常使用的就是奶油（butter），它是料理中炒、烤、做醬或燉湯的基本元素。大部份的市售脂肪產品都經過提煉及氫化過程，所以豬油（lard）可拿來做派、做餡，搭配馬鈴薯風味菜和灌香腸。

植物性油脂（plant fat）：例如果肉油（fruit oil）和種籽油（seed oil）。凡含高脂肪的果實與種子會先從樹上砍下，壓榨出油脂後，以化學方式萃取再蒸餾回收。

Sunflower oil是做人造奶油（margarine）的基本原料，peanut oil是油炸食品的絕佳選擇。Canola oil可以用來製造人造奶油及起酥油，soybean oil是多功能的金黃色油品，多用在冷廚房中。Coconut oil也是起酥油及人造奶油的原料，油炸效果很好，惟因皂化因素，所以不宜長期儲存。

Corn oil、safflower oil因有高維他命的含量，所以常被拿來做冷食料理。Palm oil有獨特風味，更因其含胡蘿蔔素，所以油色略紅。Grapeseed oil價值高，口味中性，煙點（smoke point）高在熱食製備

上是好處。Wheat-germ oil多用來準備冷食，因其高濃度的主要脂肪酸及維他命E，所以價值極高。Pumpkin-seed oil是一種濃厚的綠色油脂，味道強烈且不容易加熱，比較適合做冷食。

Extra virgin olive oil（頂級橄欖油）酸度在1%以下，是第一道初榨的橄欖油。橄欖果實以人工方式摘取後，在24小時內清洗、烘乾、打碎、擠壓與過濾，此乃冷壓榨油的製造過程。Pure virgin olive oil（純級橄欖油）的原料略遜，酸度在2%以下。比pure virgin olive oil更便宜的還有light olive oil，適合一般炒菜使用。冷壓的橄欖油可供沙拉或冷食使用，橄欖油更是地中海地區的風味食物代表。

表7-2　油脂的分類

動物性脂肪（animal fat）		植物性油脂（plant fat）	
乳脂（milk fat）	體脂（body fat）	果肉油（fruit oil）	種籽油（seed oil）
Butter	Pork fat (lard, bacon)	Olive oil	Sunflower oil
	Poultry fat	Palm oil	Peanut oil
	Calf fat; veal fat		Canola oil
	Beef fat (tallow)		Soybean oil
	Fish oil (salmon fat, herring fat)		Coconut oil
			Corn oil
			Safflower oil
			Grapeseed oil
			Sesame oil
			Wheat-germ oil
			Pumpkin-seed oil

七、沙拉醬中醋酸（acid）的角色

　　食用醋可分成兩大類：釀造醋與合成醋。前者以穀物或水果爲原料，經醋酸發酵而成，後者則是稀釋醋酸後添加釀造醋。眞正的釀造醋比較順口，也比較香。市面常見的釀造醋如下：

1. 米醋：精選米經過麴和酵母菌的糖化及酒精發酵後，加入醋酸菌發酵即成米醋。米中的蛋白質被分解成氨基酸，產生甜味及醇度。米醋如果全部用米釀造，稱爲純米醋。
2. 玄米醋：它是米醋的一種，因爲使用的原料是玄米，顏色深所以稱爲黑醋。由於放在甕中長時間熟成，所以含較多的氨基酸，味道濃且獨特，又被稱爲甕醋。
3. 蘋果醋：原料是蘋果汁，除了醋酸外，還含有蘋果酸、檸檬酸、二丁酸和乳酸等。歐美國家使用極廣，甚至稀釋後直接飲用。
4. 葡萄酒醋：原料是葡萄汁或葡萄酒，除了醋酸外，還含有酒石酸、檸檬酸、二丁酸和乳酸等，風味極佳。著名的產地如法國、義大利等，葡萄酒醋一如葡萄酒，亦有紅白之分。
5. 巴爾薩米科醋（Basamico）：主要原料是煮爛後的葡萄汁，經過長時間熟成，所以芳香濃郁，酸味圓潤順口，顏色近乎黑色。常用於調製沙拉醬，或肉類料理的醬汁。

八、蛋黃醬（mayonnaise）

　　另一類型的沙拉醬是從蛋黃醬（mayonnaise）所延伸出來的產品，蛋黃醬是利用乳化（emulsification）原理所製造出來的基醬，一般油和水是不能相融的，若添加適當的乳化劑（界面活性劑），就能讓兩者互相融合。因此將橄欖油與檸檬汁（醋）添加蛋黃（脂蛋白；

lipoprotein）攪拌均勻，就可做成蛋黃醬（美乃滋）。

　　蛋黃醬的蛋黃在製作與使用中，應注意沙門氏菌（salmonella）的污染，此外蛋黃醬與酸性物質接觸極易水化，所以不利久放。製作沙拉醬時盡量使用玻璃或瓷器器皿，以避免酸性物質與鐵器的化學變化。有時，新鮮材料與酸性物質接觸過久，也會有軟化變色的疑慮。

　　蛋黃醬所延伸出來的沙拉醬種類極多，使用也相當豐富且普遍，例如千島沙拉醬（加蕃茄醬等）、Tartar沙拉醬（加洋蔥屑和酸豆等）。許多人認為芥末醬（mustard dressing）最有魅力，葉菜沙拉適合搭配柳橙口味的醬料，蔬菜沙拉則應使用酸奶醬來調味。所以，任何原料組合只要能幫助食用蔬菜葉類，都可稱為沙拉醬（salad dressing）（表7-3），目的只是想讓醬料與沙拉食材充分結合變成一道美味的料理。

表7-3 代表性沙拉醬的材料組合

Ingredients	Dressings	Basic dressing	French dressing	Italian dressing	Heavy cream dressing	Sour cream dressing	Roquefort dressing	Cottage cheese dressing	Yogurt dressing
Oil	Safflower oil	✓	✓				✓		
	Olive oil		✓	✓					
	Specialty oil				✓				
	Heavy cream				✓				
	Light sour cream				✓	✓			
	Sour cream					✓			
High-fat or low-fat	Creamed cottage cheese								
	Egg yolk (Pasteurized)		✓						
	Roquefort						✓		
	Low-fat cottage cheese						✓	✓	
	Yogurt								✓
Acid	White-wine vinegar	✓	✓		✓		✓	✓	
	Red-wine vinegar			✓					
	Cider vinegar								
	Lemon juice		✓		✓	✓		✓	✓
	Orange juice								✓
Herbs, Spices, & Condiments	Shallots/onions		✓	✓			✓		

Ingredients Dressings	Basic dressing	French dressing	Italian dressing	Heavy cream dressing	Sour cream dressing	Roquefort dressing	Cottage cheese dressing	Yogurt dressing
Garlic			✓					
Fresh herbs					✓		✓	✓
Mustard		✓				✓		
Spices/condiment sauces	✓	✓						
Salt/Pepper	✓	✓	✓	✓	✓	✓	✓	✓
Sugar		✓		✓				

參考資料：Pauli, P. (1999), Classical Cooking: The Model Way. John Wiley & Sons, Inc.

西餐實習菜單

Lab Menu#7

Recipe 7-1: Green Salad w/ Blue Cheese Dressing

Recipe 7-2: Layered Salad

Lab Recipe7-1 *Portion: 8*	Green Salad w/ Blue Cheese Dressing		
ITEM#	INGREDIENT DESCRIPTION	QUANTITY	
1.	Roquefort cheese, chopped	50	gm
2.	Mayonnaise	1/2	cup
3.	Heavy cream	1/2	cup
4.	Vinegar	2	tbsp
5.	Kosher salt	dash	
6	Black pepper ground	dash	
7	Lettuce (salad green)	350	gm
8.	Tomatoes (small)	16	ea

Mise en place

1. Clean and tear lettuce leaves into pieces.
2. Clean and cut tomatoes into half.

Method

1. Place mayonnaise, heavy cream, and vinegar in a bowl and mix until smooth. Season to taste with salt and pepper.
2. Add chopped cheese.
3. Place several pieces of lettuce on each serving plate with sliced tomato. Pour enough dressing over the top to moisten. Serve immediately.

Pieces = pcs; each = ea; gram = gm; milliliter = ml; table spoon = tbsp; tea spoon = tsp

Lab Recipe7-2 Portion: 8	**Layered Salad**		
ITEM#	INGREDIENT DESCRIPTION	QUANTITY	
1.	Lettuce	150	gm
2.	Green onion, chopped	20	gm
3.	Celery, chopped	65	gm
4.	Green pepper, chopped	65	gm
5.	Frozen green peas	130	gm
6	Mayonnaise	300	ml
7	Sugar	1 1/2	tbsp
8.	Cheddar cheese, shredded	150	gm
9.	Bacon strips	6	pcs
10.	Eggs, hard cooked, chopped	4	ea

Mise en place

1. Chop lettuce into 2 cm dice.
2. Wash and chop green onion, celery, and green pepper into 1 cm dice.
3. Chop Cheddar cheese into 0.5 cm dice.
4. Panfry bacon. Drain and crumble bacon into small dice.
5. Boil eggs. Peel hard cooked eggs and chop as chunk.

Method

1. In each serving bowl, layer lettuce and green onion first, spoon 1/3 mayonnaise evenly over top.
2. Layer celery, green pepper, and peas next. Press evenly, and spread another 1/3 mayonnaise over top.
3. Sprinkle sugar, egg, 1/2 bacon evenly over top next.
4. Spread last 1/3 mayonnaise over top, sprinkle cheese and rest bacon.
5. Cover and refrigerate.

Pieces = pcs; each = ea; gram = gm; milliliter = ml; table spoon = tbsp; tea spoon = tsp

第八章

開胃菜
Appetizers (*hors-d'œuvre*)

現代西餐菜單的主要供應項目有四：開胃菜（appetizer）、沙拉（salad）、主菜（main course, entrée）和點心（dessert）。第一道開胃菜的法文*hors-d'œuvre*（英文也用此名詞），其字義相當於英文的「outside of master piece」；外場之傑作。即在餐廳「外面」（*hor*）提供這些少量的美食，因為餐廳通常是「呈現」（*œuvre*）真正餐食的地方。

一、開胃菜的歷史

十八世紀法式經典大餐（French Cuisine Menu）的菜單有十三道之多（表1-2），第一道是冷盤開胃菜（cold appetizer; *hors-d'œuvre froid*），主要在刺激食慾，但它們的口味必須和諧足以搭配接下來的菜色。第二道是湯品（soup; *potage*），它被放在冷與熱開胃菜之間有緩衝的功能，天冷以熱湯供應，天熱可以果汁、冷湯、蔬菜汁取代。第三道是熱盤開胃菜（warm appetizer; *hors-d' œuvre chaud*），它的份量和設計宜小且巧，否則會影響後來的進餐。

在早期俄國沙皇時期的宮廷，冷盤和熱盤開胃菜被引進，這些精巧的美食被稱作*zakouski*，它們不被用在增加飽足感，而是在刺激食慾。第一道選用冷的開胃菜，是因為廚房可以預先製備放在冰箱裡備用，客人一就座就能立刻服務，客人不但不必久候，廚房也能從容地

準備下一道菜。通常冷盤開胃菜可以在餐桌上吃，也可以在客人未到齊之前自行取用到客廳裡聊天享用。因為俄國地廣人稀，客人長途跋涉而來難免互相有等候的時間，先到者就可以先吃暫飽，慢慢等候正餐的開始。

如今冷盤和熱盤開胃菜越來越精緻，所以有人說它是「Small in quantity, but big in quality!」，也有人描述它是「One eats with one's eyes!」。總之，冷盤開胃菜在湯品前上桌，熱盤開胃菜則於湯品之後上桌。中間的湯品最好是選擇美味的清湯，像是*consommé*、*oxtail claire*、或*essence de faison*，都可以持續帶動味蕾。

二、雞尾酒會的基本設計原則

目前一些正式的餐會場合，都會在開始用餐前來個雞尾酒會，冷盤開胃菜最適合在這種酒會中服務之。雞尾酒會的開胃菜也稱為雞尾酒點心（cocktail snacks），供應與服務將會依照場合的不同而有所變化，雞尾酒點心可以只含一種食物類型，也可以組合數樣食材一起呈現。有多少盤點心並不重要，重要的是它們之間的味道和顏色搭配，有吸引力的擺盤最出色，優雅簡單的最讓人安心取拿。總之，慎選準備要上桌的食材，不宜與主菜雷同。菜餚設計的份量小巧，但品質要好。呈現的型式不需要有太繁複的手工，適當簡單的裝飾即可。

雞尾酒點心應整齊地被放置於餐巾紙上，供人取拿。有的會擺放在覆有紙襯的大淺盤或托盤上（沾醬例外），托盤可以擺在小桌子上讓用餐的人自行取用，或是由服務人員捧送給站著的客人享用。一般雞尾酒點心都會搭配餐前酒（aperitifs）或雞尾酒（cocktails）一起食用，點心可以保護胃不受酒精的傷害，也可以幫助縮短客人等待第一道菜的時間（圖8-1）。

圖8-1　雞尾酒會開胃菜或點心一桌

三、雞尾酒點心（cocktail snacks）的製作

　　雞尾酒點心被分為主要三類（表8-1）：*canapés*, savories, dips。

1. *Canapés*也被稱為*amuse-bouche*：它是用去皮的麵包為底所製成的開臉小三明治（open-face sandwich），因為小巧所以多用手拿，所以又稱為finger sandwich（圖8-2）。常使用的麵包包括：white bread, toast, pumpernickel, whole grain bread等。大型麵包切片約0.5公分的厚度（冷卻後較易切薄），還可切成各式各樣不同的形狀當底部（圖8-3）。為防止麵包吸水潮濕，可先塗抹軟性奶油當防水層，再放上主料及配料，最後塗些吉利丁的膠質，可有保鮮的效果。*Canapés*宜現做現吃，不宜久放導致麵包外棱風乾。

圖8-2　*canapés*的擺盤

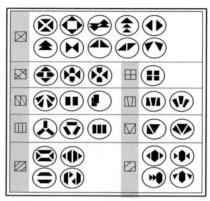

圖8-3　*canapés*麵包底部的切型

2. Savories 也被稱為*gourmandizes*：它是小份量、高品質、用昂貴
食材所做的鹹味開胃菜，廚房常常投入相當專業的手工而成。Sa-
vories不似*canapés*需要基底，而是以牙籤插住來固定食材方便客
人取拿，有時會塗些吉利丁增添亮度和視覺效果（圖8-4）。

圖8-4　Savories的擺盤

3. Dips：是小份量的肉類、海鮮或蔬菜切分後，整齊放置在圓型玻
璃盤中子（圖8-5），消費者拾起一支（dipper）沾上中間那一
盅互補風味的醬料（dip）後享用。特別是將蔬菜條豎立在玻璃
杯中，不但取用方便，更有立體裝飾的效果，現在越來越受歡迎

（圖8-6）。

常用來搭配dips醬的dippers有：小胡蘿蔔或胡蘿蔔條、紫蘿蔔
（radishes）搭配一點點綠葉、芹菜嫩莖、比利時萵苣（Belgian
endive）、切片茴香心（fennel heart）、花椰菜小花、烤的（或生
的）牛肉丁、三分熟菲力鹿肉丁、水煮挪威龍蝦尾切丁等。Dips
醬多使用美乃茲、蛋類、柳橙果汁、乾酪、香草等食材來組合。

圖8-5　開胃菜玻璃盤中dippers 和dip的組合

圖8-6　豎立在玻璃杯中的蔬菜條dippers

四、正式冷盤開胃菜（*hors-d'œuvre froid*）的製作

在正式的宴會中，賓客將入座享受整套的大餐。冷盤開胃菜（cold appetizer）首先登入（表8-1），著名的雞尾酒型開胃菜（appetizer cocktails）乃利用雞尾酒杯來承裝或加掛開胃食材，例如熱帶水果、精美蔬菜、新鮮蘑菇、魚肉海鮮類或家禽類等。它們也常被裝在挖空的水果內，例如葡萄柚、木瓜、小甜瓜等，有時還會灑些碎冰在上面。當供應的開胃菜是蝦盅（shrimp cocktail）時（圖8-7），可將剝殼的蝦肉從杯邊取下，沾些杯內的蕃茄酒醬一起享用。

圖8-7　雞尾酒型蝦盅開胃菜

經典的冷盤開胃菜當屬*Pâté*和*Terrine*。*Pâté* 是將葷或素的餡料包在麵糰中烤成型後當冷盤開胃菜，*Terrine* 則是將餡料排列組合在酥皮麵糰中，放進長方形窄陶鉢中烤成型後，切片擺盤當冷盤開胃菜（圖8-8）。

其他著名的冷盤開胃菜還包括：將肉紮緊煮熟後冷凍切片的galantines，利用乳脂與膠質做成的mousses，昂貴的魚子醬（caviar），新鮮的生蠔（oyster），將生牛肉切碎組成的steak tartar，或是切極薄片的生牛肉（steak *carpaccio*）等，都是讓人為之驚歎的佳

餚。義大利的antipasto tray（assorted *hors d'œuvre* plate）、瑞典的smÖrgåsbrg（bread & butter table, Sweden）更是個中翹楚。

圖8-8　冷盤開胃菜*Pâté & Terrine*

五、正式熱盤開胃菜（*hors-d'œuvre chaud*）的製作

熱盤開胃菜（warm appetizers）又稱為「starters」（表8-2），在經典料理中，熱盤開胃菜的份量雖小，但熱的燙口卻是寒冷氣候中的首選，例如油酥點心（*bouchées*）是標準的一口酥（*bouche*指的是嘴巴）。以前，熱盤開胃菜是在湯品和魚類料理之間上桌，如今，菜單越來越精簡，也考量營養的負擔，所以許多古老的熱盤開胃菜逐漸消失。

然而，這些精緻的開胃菜仍無法讓人忘懷，如今它們已移出另成格局。例如：作工繁複的*soufflés*（圖8-9），有餡料的油炸物fritters、croquettes、turnovers（圖8-10）、patty shells等，美味濃郁的*quiche*等都在點心房。尤其是pasta、risotto、omelets等也已被當主食在使用。法國的cheese *fondue*（圖8-11）、瑞典的meat balls（圖8-12）、西班牙的開胃小菜*Tapas*、北非／中東的美食小品*Mezzé*等，現今都已是最流行的佳餚系列了。

圖8-9　*Soufflés*

圖8-10　Turnovers

圖8-11　法國的cheese *fondue*

圖8-12　瑞典的meat balls

表8-1　冷盤開胃菜分類（Cold Appetizers)

分類	主類	舉例
Cocktail snacks	Finger sandwiches(*canapés*)	Smoked salmon canapés(*canapés au saumon fume*)
	Savories(*gourmandises*)	Cream puffs with game mousse(*éclairs Saint-Hubert*)
	Dips(*dips*)	Curry dip(*dip au curry*) Orange dip(*dip à l'orange*)
Cocktails	Cocktails(*cocktails*)	Shrimp cocktail(*cocktail de crevettes roses*) Cold filler of sole with mango sauce (*cocktail de sold à la mangue*)

分類	主類	舉例
Appetizers from the second course	Galantines(*galantines*)	Chicken galantine(*galantine de volaille*)
	Pâtés(*pâtés*)	Game pâté(*pâté de gibier*)
	Terrines(*terrines*)	Vegetable terrine(*terrine de légumes*)
	Mousses(*mousses*)	Ham mousses(*mousse de jambon*)
Fish & fish products	Raw & marinated fish (*poissons crus et marinés*)	Carpaccio of salmon trout & turbot (*carpaccio de truite saumonée et de turbot*)
	Smoked fish(*poissons fumés*)	Smoked salmon roses(*rosettes de saumon fumé*)
	Caviar(*caviar*)	Osetra caviar(*caviar Oscètre Malossol*)
Shellfish	Crustaceans(*crustacés*)	Lobster appetizer with artichokes(*avant-goût de homard et d'artichauts*)
	Mollusks(*mollusques*)	Oysters on the half shell(*huîtres sur glace*)
Meat, meat products, & poultry	Meat & poultry appetizers (*viande de boucherie et volaille*)	Steak tartare(*tartare*) Chicken salad with pineapple(*salade de volaille à l'ananas*)
Vegetables	Raw vegetables (*légumes crus*)	Raw vegetable salad with three sauces(*crudité maraîchère aux trois sauces*)
	Cooked vegetables (*légumes cuits*)	Bouquet of asparagus with herb cheese(*bouquet d'asperges au fromage frais*)
Fruits	Fruits (*fruits*)	Avocado & shrimp salad(*avocat aux crevettes*)

參考資料：Pauli, P.(1999), Classical Cooking: The Model Way. John Wiley & Sons, Inc.

表8-2 熱盤開胃菜分類（Warm Appetizers）

分類	主類	舉例
Soufflés	Soufflés (*soufflés*)	*Soufflé de homard*(lobster), *Soufflé au fromage*(cheese)
Fritters	Fritters (*fritot*)	*Fritot de au jambon*(ham), *Fritot de cervelle*(brains)
Croquettes	Croquettes (*croquettes*)	Croquettes de crevettes(shrimp)
Fried bread slices or toast	Fried bread slices or toast (*croûtes*)	*Croûte aux champignons*(mushrooms), *à la moelle*(marrow)
Pastry appetizers	Turnovers (*rissoles*)	*Rissoles forestière* (wild mushrooms), *aux fruits de mer* (seafood)
	Puff-pastry pillows (*feuilletés*)	*Feuilletés jardinière* (spring vegetables), *au saumon et au basilic*(salmon with basil)
	Patty shells (*bouchées*)	*Bouchées à la reine*(chicken, mushroom, and tongue)
	Quiche (*quiche*)	*Quiche Lorraine*
Vegetable & mushroom appetizers	Gratin (*gratin*)	*Gratin de brocoli et de crevettes*(shrimp & broccoli)
	Stuffed (*farcis*)	*Champignons de Paris farcis*(stuffed mushrooms)
	Asparagus (*asperges*)	*Asperges milanaise*(parmesan cheese), *aux morilles*(morels)
	Artichoke (*artichauts*)	*Artichaut bouilli à la vinaigrette* (marinated), *hollandaise*
Starch appetizers	Pasta dishes (*pâtes*)	Gnocchi(*gnocchi*)
		Risotto(*risotto*)
Egg appetizers	Shirred eggs (*œufs en cocotte*)	Omelets(*omelettes*)
		Scrambled eggs(*œufs brouillés*)
	Cooked eggs (*œufs mullets*)	Poached eggs(*œufs pochés*)

參考資料：Pauli, P.(1999), Classical Cooking: The Model Way. John Wiley & Sons, Inc.

西餐製備與實習

156

西餐實習菜單

Lab Menu#8

Recipe 8-1: Cold Sort Canapés (2 kinds)

Recipe 8-2: Vegetable Dippers w/ Creamy Onion Dip

Lab Recipe8-1 *Portion: 8*	Cold Sort Canapés (open-face sandwich)		
ITEM#	INGREDIENT DESCRIPTION	QUANTITY	
1.	Loaf bread (toast)	(2*8 = 4*4) 4	pcs
2.	Butter (soft)	50	gm
3.	Prosciutto strips, Parma standard	160	gm
4.	Dill, twig	8	twig
5.	Banana	1	ea
6.	Peanut butter	60	gm
7.	Raisin	8	ea

Mise en place

1. Freeze fresh toast at least 1/2 hours.
2. Trim and cut each slices of bread into shapes.
3. Prepare ingredients according to direction.

Method

1. Butter each pieces of bread.
2. Twist Prosciutto strips, garnish with dill.
3. Peel and slice banana. Top with banana and peanut butter strings. Garnish with raisin.

Pieces = pcs; each = ea; gram = gm; milliliter = ml; table spoon = tbsp; tea spoon = tsp

Lab Recipe8-2 Portion: 8	Vegetable Dippers w/Creamy Onion Dip		
ITEM#	INGREDIENT DESCRIPTION	QUANTITY	
	CREAMY ONION DIP:		
1.	Dairy sour cream	150	gm
2.	Mayonnaise	60	gm
3.	Cream cheese	40	gm
4.	Garlic, crushed	3	ea
5	Worcestershire sauce	1/2	tsp
6	Lemon juice	1	tsp
7.	Sugar	1	tsp
8.	Red pepper powder	1/4	tsp
9.	Dry onion soup mix, envelope	1/2	pkg
	VEGETABLE DIPPERS:		
10.	Cucumbers (small)	1	ea
11.	Carrots	1/2	ea
12.	Celery stalks	1	ea
13.	Red bell pepper	1/2	ea
14.	Yellow bell pepper	1/2	ea
15.	Cauliflower	80	gm
16.	Green olives	3	ea
17.	Black olives	3	ea

Mise en place

1. Cut vegetables into finger types, soak in ice water before serving.

Method

1. In a small bowl, combine all dip ingredients. Mix until blended.
2. Refrigerate dip for 2 hours to blend flavors.
3. Arrange cold dip and dippers according to direction.

Pieces = pcs; each = ea; gram = gm; milliliter = ml; table spoon = tbsp; tea spoon = tsp

第九章
乳製品與起司
Dairy Products & Cheese

　　傳說數千年前，有位阿拉伯商人肩背著小牛胃做的奶袋，在炎陽下騎駱駝穿越沙漠，正準備喝牛奶解渴時，赫然發現牛奶已結成塊狀，原來是小牛胃中的凝乳酵素發揮了作用，此乃起司的前身（圖9-1）。據說羅馬時代的遠征軍人多配有起司做為口糧，軍旅之處把製作起司的技術一併留下，因此傳遍歐洲各地。

圖9-1　起司的傳說

　　歐洲的乳製品大國；如荷蘭、德國和法國等，傳統中早已將起司視為生活的必須品。據歷史考證，山羊、綿羊原是人類最初的奶類來源。農業發達後，乳牛開始提供人類大量奶類的供應。如今，幾乎所有西方國家的奶類都源自乳牛，反而羊類的奶量不敵需求，因此所生產的副產品彌足珍貴。

乳製品在世界各地不盡相同，主要受地區緯度、氣候溫度、土壤牧草、餵養方式、養蓄放牧等環境的影響，至於適合豢養的產乳動物（cow, sheep, goat, camel, etc.）亦有所選擇，所以家家都有自己的獨特乳製品與起司，從此，人類致力於起司的改良，並依不同地方或國家之名而命名。

　　自從日本西化後，消費者對起司的發酵口味不再排斥，他們認同起司是很好的鈣質來源，還開發許多符合東方口味的產品。近年來，隨著國人生活水平的提高以及西式（義／法式）飲食文化的融入，大家對乳製品的消費已不再侷限於液態奶品，西式甜點／麵包類更增長國人對奶油和起司的興趣，因此，乳製品的消耗食用量與日俱增。

一、液體奶類的營養價值

　　奶類不僅可以解渴，更是免饑又美味的食物來源，如今從奶類已延伸出許多副產物供人類享用。奶類食品在現代的飲食生活中扮演著重要角色，它不昂貴，卻是唯一提供人類幾乎所有重要營養素於一身的產品。它可以幫助生理的正常運作，讓身體產生抵抗力，促成新陳代謝增強體能。其他食品也許含有鈣，但通常含量較少，且不像乳製品中的鈣那樣容易被吸收，所以乳品對骨質保健方面的功效是不遑多讓的。

　　牛奶的基本元素有90多種，其中主要成分是水（85%以上），總固型物約佔15%。牛奶的濃郁香味來自牛奶裡的乳脂肪及蛋白質，顏色則是酪蛋白給予牛奶典型的白色。一杯全脂牛奶（3.5%乳脂肪；240克／杯）的卡路里約160卡。所以每100克的牛奶約有：

1. 3.2克的蛋白質（protein）：牛奶的蛋白質相當營養，含有足量的必須氨基酸來建立與修補身體細胞。其中酪蛋白（casein）佔

牛奶蛋白的80%，它對酸敏感，所以遇酸或凝乳酵素（rennin）會凝結、沉澱形成塊狀。從牛奶取出脂肪和酪蛋白（82%）後所保有的液體稱為乳清水（whey），中間仍保有一些水溶性蛋白質（18%），它是乳飲料的精華。

2. 4.9克的碳水化合物（carbohydrate）：牛奶的乳糖（lactose；4.4～5.2%）是由葡萄糖跟半乳糖所組成的，它們對腸菌類有諸多好處。

3. 3.7克的乳脂肪（milk fat）：牛奶脂肪的溶點介於攝氏28～32度之間，因此，牛奶的脂肪在正常體溫下呈液態狀，容易被腸胃消化吸收。牛奶脂肪中含脂溶性維生素A與D、磷脂質、膽固醇。

4. 0.8克的維生素（vitamins）和礦物質（minerals）：牛奶中含有高量且均衡的維生素A、B群及維生素D、E。牛奶是鈣與磷的主要來源，此外更含有足量的鎂和鉀，對保持牙齒及骨骼的健康很重要。

5. 87.4克的水（water）：牛奶中有大量的水份，所以是解渴良方。此外還有豐富的胡蘿蔔素、葉黃素、乳黃素和各種酵素（lipase, protease, amylase, phosphatase）。

二、牛乳的衛生安全與食品加工處理

初乳在採集後保存不易，若沒有完全冷卻，大自然的病原菌會在溫奶裡迅速滋生，很快就會腐壞，常見有大腸桿菌（E. coli）和沙門氏菌（Salmonella）等有害細菌。所以新鮮牛奶都需先經過均質化（homogenization）的處理，再伴隨著巴斯德滅菌法（Pasteurization）在高溫瞬間殺菌（High Temperature Short Time, HTST）下才能供應市面。

由於生奶中的乳脂肪粒子會飄浮在牛奶表面，產生一層奶油的油水分離狀況。因此將加熱的牛奶（攝氏60～80度）以噴嘴強力噴出，強迫乳脂肪通過非常細小的毛孔後，均勻地懸浮分佈在生奶中，此乃均質化處理。

　　滅菌消毒在任何提供乳製品的國家都是必須實施的衛生安全管理措施，巴斯德滅菌法是現今歐美國家所採用的乳品殺菌工程，全程以72℃／15秒在精密自動調節溫度裝置中完成，不僅可以保留乳品完整的營養價值，更可把所有可能存在於牛乳中之病原菌殺死，以確保食品衛生與安全。其他自家農場或小型企業則使用傳統的高溫消毒法（80～90℃／4～15秒）、短時間消毒法（72～75℃／15～30秒）或長時間消毒法（65℃／至少30秒）來殺菌。不管使用哪一種方法，加熱後的牛奶都必須立刻冷卻至攝氏5度以下才能保存風味。

　　滅菌消毒後的新鮮牛奶，除了餐廳裡以杯子提供客人使用外，若要販售，只可封裝在殺菌完好的容器內冷藏，金屬罐裝的牛奶則必須要鉛封。消毒後的牛奶的保存期限是有限的，一般包裝上都會依法加印指示：『勿日曬，冷藏在攝氏3～5度間』，且必須印上商品售出的截止日期，一般最佳賞味期多在牛奶消毒完後的四天內。

三、乳製品（dairy products）種類

　　乳製品多以乳脂肪成分含量為主要的分類依據，主要產品約可分為：乳品飲料、奶粉、煉乳、發酵乳、鮮奶油、奶油和起司。

㈠乳品飲料（liquid/drinking milk）

　　乳品飲料產品有純牛乳、加工乳、乳飲料之分。純牛乳的生乳含量在六成以上，加工乳則是由牛乳和脫脂奶粉加工而成的產品，其中非脂肪乳固形物含量達8%以上，使得風味更豐富。乳飲料乃是利用

乳清水加工而成的調味飲品，乳脂肪含量較低。

1. 全脂牛奶（whole milk）：全脂牛奶乃指每公斤含32.5～36克的乳脂肪（3.25～3.6%乳脂肪），均質化後的牛奶脂肪已被分離為微小球狀體，有豐富的維他命D。

2. 減脂牛奶（reduced-fat milk）：每公斤的牛奶含2%乳脂肪，其他營養價值等同全脂牛奶，只是所含的乳脂肪及熱量較少。

3. 低脂牛奶（low-fat milk）：每公斤的牛奶含1%乳脂肪，適用於減重的群眾。

4. 脫脂牛奶（skim milk）：每公斤的牛奶含0.1%乳脂肪，維生素A會額外增加以彌補營養物的流失。

5. 調味牛奶（flavored milk）：牛奶裡添加適量的香料及糖分以符合消費者喜愛，最負盛名的就是巧克力牛奶，其他還有麥芽牛奶、果汁牛奶或香草牛奶等。低脂調味牛奶含有0.3～3%的乳脂肪。

(二)奶粉（powdered milk）

奶粉產品有全脂、脫脂、調製之分。牛奶經熱空氣噴霧乾燥後抽去95～98%的水分，成為粉末狀的奶粉，非常便於儲藏及運輸。全脂奶粉最少含26%的乳脂肪和2.5%以下的水分，脫脂奶粉則含0.8%的乳脂肪和4%以下的水分。由於奶粉裡的脂肪易被氧化，所以產品多用真空包裝。未開的罐裝奶粉可以在室溫下儲存一年以上，一旦打開，則需在一個月內用畢。

以前奶粉最大的困擾是顆粒太小，不易溶解於水中，但現今可將噴霧乾燥後的奶粉經過再一次的噴溼／乾燥方法，使其顆粒變大易溶於水，稱為即溶奶粉。

(三)蒸發奶／煉乳（evaporated milk/condensed milk）

蒸發奶（奶水）產品是用全脂、低脂或脫脂牛奶加熱蒸發水分（60%）所製成的產品。牛奶在蒸發、均質及快速冷卻後，增添維生素及穩定質，包裝在罐中或容器裡再殺菌，成品可儲存一年。蒸發奶至少含7.5%的乳脂肪及25.5%的乳固形物，蒸發奶不但較稠且奶味香濃，它是咖啡或茶的良伴。

煉乳（sweetened condensed milk）有全脂加糖、脫脂加糖、無糖之分。因糖本身是防腐的材質，所以煉乳含有較多的蔗糖、黏性的葡萄糖、乳糖等甜味混合物（40～45%）的幫襯，成品可保存兩年。基本上，煉乳從蛋白質和乳糖在高溫中的褐化作用開始，組織就變得黏稠且顏色較深，頗似焦糖。煉乳含有高脂肪及高熱量（519卡路里／125毫升），所以常使用在布丁、甜點、醬料、糖果和蛋糕裝飾中，給予西點特殊的風味。

(四)發酵乳品（fermented dairy products, buttermilk, yogurt）

傳統中，發酵乳多以牛乳、羊乳、綿羊乳或馬乳為原料，接種乳酸菌種（lactic bacterial cultures: *streptococcus thermophilus*, *bacterium bulgaricum*），經過發酵所生產出來的乳製品。發酵乳的酸性風味濃郁，常見的產品有優格（yogurt）、酪乳（buttermilk）、酸奶（acidophilus milk）及加糖酸乳飲料（lactic acid milk）等。

發酵乳中含有比鮮乳更多的鈣質，而且鈣質與乳酸會充分結合形成更容易被吸收的乳酸鈣。尤其當發酵乳中的酪蛋白（主要蛋白質）被分解出磷的成份時，更能促使小腸對鈣質的吸收。

酪乳（buttermilk）是提去奶油後的牛奶（低脂或脫脂牛奶），

添加培養的菌種後，在攝氏20～22度下所培養製成的副產品。酪乳的脂肪含量極低（0.5%），它是清涼的解渴營養飲品，例如加糖後的酸乳飲料（lactic acid milk）。酸奶（acidophilus milk）在許多料理食譜中扮演著重要的角色，例如炸雞前可去腥並保持雞肉濕潤等。

　　優格（yogurt）是牛奶在滅菌消毒後，經發酵變成像凝乳（custard）一般的產品，有著特殊的芳香與口感。製作優格時，在冷卻的牛奶中先加入嗜熱的菌種，外圍熱水（約攝氏42～43度）開始培養，整個發酵過程約需2～3個小時才能完成。其後，優格要迅速降溫至攝氏4～5度以停止繼續發酵。自此，優格移入冰箱妥善冷藏，未開封的優格可以儲存約一個月。

　　優格的營養價值極高，口味潤滑。在特殊飲食中，它有很好被消化吸收的功效。如今，有許多的料理中也常使用原味優格來製作精美的調味料、醬汁、沙拉醬及不同的甜點等。

㈤濃縮乳品／鮮奶油（heavy cream, sour cream, whipping cream）

　　鮮奶油（cream）的傳統製作方式是將生牛乳靜置一段時間後，密度較低的乳脂肪會飄浮到較高的一層，直接刮取收集後即為鮮奶油。在許多國家，這一步驟是利用離心機來加速完成的，收集的牛奶脂肪再經過均質化處理後，可依據其乳脂肪含量的不同再分成不同的種類（表9-1）。除此之外，鮮奶油也可以通過乾燥機處理製成粉，以便運輸到遙遠的市場。

表9-1　鮮奶油（cream）的種類

種類	乳脂量	熱量	使用方法
Heavy cream	45%	426kcal/50gm	超重脂鮮奶油不需打發，常做水果或沙拉的淋醬

種類	乳脂量	熱量	使用方法
Heavy whipping cream	36%	338kcal/50gm	重脂鮮奶油可打發，冷藏做蛋糕的重霜飾或霜淇淋
Light cream	25%	250kcal/50gm	輕脂鮮奶油打發後，蓬鬆組織可做mousses或蛋糕輕霜飾
Coffee cream	15%	164kcal/50gm	淡脂鮮奶油可配咖啡或佐茶
Sour cream	36%	338kcal/50gm	用重脂鮮奶油加乳酸菌在低溫（攝氏20～22度）發酵24小時，乳酸鮮奶油可搭配濃湯
Half & half cream	10.5～18%	164kcal/50gm	低脂鮮奶油不打發，烘焙使用

㈥奶油／乳脂肪（butter）

　　奶油是從鮮奶油利用離心機經攪拌與壓煉乳脂肪後所凝結的產品，一般奶油中含有83%乳脂肪（butterfat），其他固形物包括0.5%蛋白質（protein）、0.5%乳糖（lactose）、0.2%礦物質（minerals）和15.8%的水（water）。加工後迅速冷卻至5～10℃（8小時）可使部分乳脂肪凝固，改進奶油的硬度和組織，此乃稀奶油的熟成。最後成品可依據其脂肪含量與其他添加物再分成不同的種類（表9-2）。

　　由於牧場飼養的奶牛多食用一些含類胡蘿蔔素的牧草，所以鮮奶油通常會略呈淡黃色，奶油的顏色更爲明顯。奶油的乳脂肪顆粒小，溶點低，富含人體必需脂肪酸及豐富的維生素A和D，這些都是牛油、豬油和羊油等畜類體脂所沒有的。美國USDA評定奶油等級時會在包裝上標註級數與分數，最頂級的是AA93，其次是A92、B90，最差的是C89。

表9-2　奶油（butter）的種類

種類	乳脂量	儲存與使用方法
Sour cream butter 發酵奶油	0.5%乳酸菌發酵 83%的乳脂肪	冷藏使用（一星期內），冷凍可達2～5個月。通常用來塗抹麵包或增添食物風味。
Sweet cream butter 甜味奶油	添加糖份 83%的乳脂肪	避免日照，否則易變色，使用在蛋糕霜飾。
Light butter 輕奶油	乳脂肪含量至少50%	適用於減重人士，但不適合烹飪。
Salted butter 鹹味牛油	微鹹的牛油（加0.7～2%鹽）；83%的乳脂肪	使用在帶皮水煮馬鈴薯上（Gschwellti），亦可增添其他料理的風味。
Cooking butter 烹飪或烘培用奶油	不同種類的奶油混合而成；至少82%的乳脂肪	理想的烹飪或烘培用黃油。
Refined butter 去水份之黃油（Ghee）	83%的乳脂肪 黃油（Ghee）的加煉方法：將奶油置鍋中，直接加熱煮滾，可攪拌加速去除水份（15.8%），但保存乳固形物（1.2%）的棕色與堅果風味。	黃油裝載在密封的罐子裡，避免日光可儲存六個月。烹飪使用可增加肉類顏色與風味。
Clarified butter 去水份／乳固形物之純奶油	100%的乳脂肪 純奶油的澄清方法：將奶油置於雙層鍋中，以文火加熱至溶化起泡，移除表面泡沫（15.8%水），再小心倒出上層澄清油液，下層沉澱的乳固形物（1.2%）可另做他用。	純奶油不易焦化起泡沫，不會影響菜餚顏色與風味，是廚師最喜愛的烹飪用油，適合做醬汁。

㈦起司／乳酪（cheese, *fromage*）

　　起司是最古老，也是最天然的牛奶結塊產品。自從人類開始豢養

產乳動物（cow, sheep, goat, camel, etc.）後，就開始學習如何製作起司，目的在將牛奶做成實質副產品以便保存留用。如今，各國在食品衛生安全管理法中都嚴格規定了起司的製作過程與管制方式，並規定在標示中必須清楚陳列固態起司的乾燥重量，其乳脂肪的比例（fat content）與水的含量（water content）詳列於表9-3。

若以瑞士埃文達爾起司（Swiss Emmertaler, 100g）為例，其天然內含物包括：

1. 乳脂肪（milk fat, 31%）：整塊起司以微粒狀的乳脂肪為主，一旦儲存不當，脂肪極易溶解酸敗。

2. 蛋白質（protein, 29%）：起司富含蛋白質（氨基酸：酪蛋白、蛋白素），是營養的主題。

3. 水（water, 36%）：起司內的水含量會決定其一致性、儲存的穩定度和外觀，間接更會影響其口感。

4. 礦物質與維生素（minerals & vitamins, 4%）：起司富含鈣、鈉、鉀、氯化物、鐵、磷、氟化物、銅等礦物質。起司更含有數種B群脂溶性維生素、水溶性維生素A、D、E及K，還有讓奶油呈黃色的胡蘿蔔素（carotene）。

5. 碳水化合物：成熟的起司不含碳水化合物；剛成形的起司則有微量的碳水化合物。因為起司在熟成的過程中，乳糖會變轉化成乳酸，所以起司略帶酸味。

表9-3　起司的乳脂肪成分（fat content）與含水量（water content）比例

起司含脂量分類	fat content	起司含水量分類	water content
Double cream cheese	65%	Extra hard cheese	50% ↑
Full cream cheese	55%	Hard cheese	54% ↑
Full-fat cheese	45%	Semisoft cheese	63% ↑
Three-quarter-fat cheese	35%	Soft cheese	73% ↑

起司含脂量分類	fat content	起司含水量分類	water content
Half-fat cheese	25%	Fresh cheese	87%↑
Quarter-fat cheese	15%		
Low-fat cheese	15%↓		

(八)起司的製作過程

　　若再以瑞士埃文達爾起司（Swiss Emmertaler）為例，一輪（one wheel；80公斤）起司成品約需要1000公升的牛奶，這大約是八十頭乳牛一天的牛奶產量。整個製作過程如下：

1. 凝結成塊（coagulation）：牛奶在無菌池中加熱到攝氏32度後，添加凝乳酵素（rennet）和乳酸菌（bacteria：*lactococcus*、*lactobacillus*）攪拌。牛奶中的乳固形物開始凝結，變成零星乳塊漂浮在乳清水上。

2. 切割（curdling）去乳清水（whey）：一旦凝乳塊達到理想的凝結量，就會用線狀的切割器（cheese harp）將凝乳塊切成許多更小塊，讓更多的凝乳塊與水分開。

3. 攪拌嫩煮（scalding）：起司池將再加熱至53℃，持續翻攪約30分鐘，以排出更多的水份，增加起司組織的硬度。

4. 過濾（draining）：凝乳約兩小時後，開始將凝結的乳固形物從乳清水中撈起，放入砂布中過濾。現代方法則是用脫水機將凝乳塊的水份抽離。

5. 壓榨排水（pressing）：將凝乳塊放入模型中；或整球（砂布包乳塊）放在石板上，用重型物壓榨球體去除更多水份，此動作一天得做好幾次，於是球體變成輪狀（wheel）（圖9-2）。

6. 泡鹽水／鹽室（salt bath/salt cellar）：隔天，起司會浸泡在鹽水中連續兩天，以便排出多餘液體，吸收鹽分。這個過程會加速表

皮的發酵，保留起司的風味。爾後，起司會放在架上冷卻十四天（攝氏10～14度），每日翻面，此乃鹽室。

7. 發酵室加菌（fermentation cellar）：之後，起司會轉到室溫較高的發酵室（攝氏20～23度）進行另一階層6～8週的加菌發酵。瑞士埃文達爾起司的洞眼（eye）與香氣，乃發酵時戊酮（propione）所散發出來的效果。

8. 儲存室最後熟成（storage cellar）：將起司放在攝氏10～14度的儲存室中做最後的熟成（4～5個月）。此時，起司會由內到外熟化潤滑，發出獨特的風味。過程中起司要持續翻轉、擦拭表面，若部分長黴也必須清理，直至6個月後醞釀出馥郁的香味時方可食用，到10個月時才算是達到完全成熟。

　　起司的硬度取決於其水含量，起司越軟，其水含量就越高。把凝乳塊切成小分子、加熱、壓製時間長的話，就會降低起司裡的水含量。在儲存與熟化期，多餘的水分會透過蒸發而流失，所以低水含量的起司比較硬，也可儲存較久。

圖9-2　輪狀（wheel）的天然起司

㈨天然起司（types of natural cheese）的種類（表 9-4）

1. 特硬質起司（grating cheese, extra hard）

特硬質起司的含脂量約在35～45%之間，含水量50%（表9-3）。著名的瑞士Sbrinz起司和義大利Parmesan起司都在此行列中，據說在紀元前羅馬時代就已見它們的原型。一般而言，農家的起司（farmer cheese）由於熟成期較長（1～4年），所以含水低、質地堅硬耐久存，對於大雪封閉的山區人們而言，它們是重要的蛋白質來源，因爲易於攜帶所以也是軍隊的主要糧食。特硬質起司堅硬無法用刀切割，只能用起司刨絲器（cheese grater）將其搓成碎粒灑在麵食上（圖9-3），風味獨特！

圖9-3　起司刨絲器（cheese grater）切搓特硬質起司

2. 硬質起司（hard cheese）

硬質起司的含脂量約在45%左右，含水量54%。著名的瑞士Emmertaler起司（圖9-4）屬於超大型圓形起司，每個大約有80公斤重，號稱「乳酪之王」，它是起司火鍋（cheese fondue）的主角。另一個著名的瑞士Gruyère起司油脂潤滑、芳香美味，更是搭配白酒的絕品。

圖9-4　瑞士Emmertaler起司的洞眼與戊酮香氣

3. 半硬質起司（semisoft cheese, semihard cheese）

　　半硬質起司因為質地有彈性、氣味溫和，所以直接吃可以嚐出其渾然天成的美味。因為它含脂量在35～45%之間，含水量63%，所以極易融化做成醬汁。整體而言，半硬質起司是使用最廣，也是廚師用來入菜的最佳選擇。

(1)Edam起司（紅皮）（圖9-5）和Gouda起司（黃皮）的含脂量在35%左右，它們是荷蘭最具有代表性的產品。為了防潮並軟化乳固形物，所以將起司浸在蠟油中裹上外皮，不但易於攜帶保存，更有口感柔軟風味溫和的特質，是切片配酒直接吃食的佳餚。

圖9-5　外包紅臘皮的Edam cheese

(2)Cheddar起司原產於英國，含脂量約在45%左右，氣味溫和口感濃郁，所以廣受他國人士的喜愛。常見有橘紅色切達（sharp Cheddar）和淡黃色切達（mild Cheddar），顏色深淺與熟成期長短有關，口味濃淡亦有差別。Cheddar起司多切片使用在三明治中，也適合加熱融化淋在菜餚上。

4. 軟質白黴起司（soft cheese, white mold）

白黴起司在製作初期，先將凝乳塊從乳清水中盛出後，壓榨後剁碎移入模型中，以噴物器在表面覆蓋白黴，使其從外而內繁殖發酵。幾天後，外殼雪白變硬，內部熟成變軟成膏狀（圖9-6）。其中以法國的Brie起司和Camembert起司最具有代表性，它們是開胃菜的主角，直接搭配白酒食用。

圖9-6　外殼雪白硬殼的white mold cheese

5. 軟質藍黴起司（blue-veined cheese）

藍黴起司在製作初期，先將凝乳塊從乳清水中盛出，壓榨後拌入青黴進行熟成，讓其從內而外繁殖發酵，逐漸醞釀出獨特的風味，切口更呈藍綠色大理石花紋狀（圖9-7）。特徵是組織黏稠鹹味重，有強烈又迷人的臭味，它是開胃菜的一員，是沙拉醬的特色，也是菜餚或麵醬的主題。世界三大藍黴起司分別為：義大利Gorgonzola（牛乳）、法國Roquefort（羊乳）、英國Stilton（牛乳）。

圖9-7 有大理石花紋／臭味的blue-veined cheese

6. 新鮮（非熟成）起司（fresh cheese）

　　新鮮起司即未經過熟成步驟的起司，特徵是風味雅淡且水份較多，有淡淡的酸味，清爽不黏膩。它是開胃菜的主體，食用時搭配新鮮水果或草葉類香料，都是絕佳的組合。

(1)Cream cheese因在起司中參入鮮奶油（cream）混合物，所以組織細嫩滑軟。它是做美味乳酪蛋糕（cheese cake）的基本原料，開封後容易吸收其他味道或水化腐敗，所以處理宜低溫加速。

(2)Cottage cheese採用新鮮的脫脂鮮奶做成色澤純白而濕潤的未熟成起司，經過篩網可做出小顆粒球，或添加在沙拉中，或在早餐／午餐中食用，因為卡路里低（100克＝60 kcal），所以是減重的理想食物。近年來日本流行將其灑些白芝麻再淋上醬油，做成東方風味的涼拌小菜。美國的cottage cheese則是用全脂牛奶還多加1～2%奶油，以大中小粒來販售。

(3)Mascarpone cheese原產於義大利倫巴狄亞地區，固形物中含乳脂肪80%，有輕微的甜度與滑膩的酸度，它是著名的甜點Tiramisu的夾層，也是其他醬料（sweet sauce）或沙拉的基本材料。

(4)Mozzarella cheese產自義大利南部，乳固形物中含乳脂肪45%（乳牛）～50%（水牛）。它的生產方式比較特殊，將乳固形物投入熱水中用力搓揉與拉捏，顏色逐漸變白，質地更柔軟且具有彈

性，有時就做成小球養在乳清水中，隨時可以取出撕裂享用（圖9-8）。著名的沙拉（Insalata Caprese Salad）就是將起司和蕃茄切片，搭配羅勒葉淋上橄欖油的一道義大利國菜。固體的起司塊也常常切成碎粒，撒落在pizza上，烘烤溶化後有拉出長長細絲的效果。

圖9-8　養在乳清水中的mozzarella cheese

(十)起司的加工產品

只有天然熟成的起司（nature cheeses）遇熱才能完全融化，適合拿來做熱食或各種醬汁淋用。

大量生產的加工起司（processed cheese）乃是將不同種類的天然起司先切碎，調整脂肪與蛋白質含量，經過加熱殺菌後，混入調味劑和乳化劑以增加柔順度與口感，再整型製作各種合成品。常見的加工起司有：小包裝或碎粒的cheese food、片狀做三明治夾層的wrapped slices、盒裝的cheese spread、臘腸包裝的燻製smoked cheese等。

加工起司只適合做冷食使用，加熱後會呈現碎粉粒，口感不佳。處理後的起司必須儲存在乾燥、低溫的環境中。購買起司時需要做一些專業的背景調查，慎重考量其熟成程度、脂肪與蛋白質含量、組織與質地、香味、含水量與表皮的柔順度等，具備標籤的品質檢驗最為可靠。

表9-4　天然起司的種類

新鮮起司及軟起司	半硬質起司	硬質、藍紋和煙燻起司	藍紋起司
奶油起司	Port salut起司	Provolone起司	Castello藍紋起司
凝乳起司	Colby起司	Pecorino起司	Danish藍紋起司
鄉村起司	Manchego起司	Parmesan起司	Pipo crem'起司
Brie起司	Cantal起司	Sapsago起司	Bresse藍紋起司
Coulommiers起司	Saint paulin 起司	Caciocavallo起司	Fourme d'ambert起司
Camembert起司	Gjetost起司	Sbrinz起司	Dolcelatte起司
Boursin aux fines herbes起司	Fontina起司	煙燻Emmental起司	Cheshire藍紋起司
Neuf chatel起司	Cabrales起司	Gorgonzola起司	Bavarian藍紋起司
Boursin au poivre起司	Monterey jack起司	Mycella起司	Shropshire藍紋起司
Munster起司	Raclette起司	Roquefort起司	Stilton起司
Tomme au raisin起司	Double gloucester起司		
Mozzarella起司	Cheshire起司		
Colqwick起司	Leicester起司		
Ricotta起司	Dunlop起司		
Caboc起司	Emmental起司		
Feta起司	Wensleydale起司		
	Gruyere起司		
	Lancashire起司		
	Cheddar起司		
	Caerphilly起司		
	Leyden起司		
	Edam起司		
	Jarlsberg起司		
	Gouda起司		
	Tilsit起司		

西餐實習菜單

Lab Menu#9
Recipe 9-1: Spring Fruit Plate
Recipe 9-2: Marsala Tiramisu

Lab Recipe9-1 *Portion: 8*	Spring Fruit Plate		
ITEM#	INGREDIENT DESCRIPTION	QUANTITY	
1.	Lettuce leaf, fresh	2	pcs
2.	Strawberry yogurt, as fruit dip	(120gm) 1/2	bottle
3.	Orange, fresh	1	ea
4.	Apples, red fresh	1	gm
5.	Cottage cheese	50	gm
6.	Cheddar Cheese, sliced	50	gm
7.	Pineapple chunks, canned	4	ea
8	Grapes, seedless, fresh red	100	gm
9.	Kiwi fruit	1	ea

Mise en place

1. Wash lettuce, separate leaves.
2. Wedge oranges into eight sections.
3. Peel and slice kiwi fruit.
4. Drain pineapple and wedge into four sections.
5. Core apples, and wedge into eight sections. Soak immediately in pineapple juice to prevent oxidation.
6. Pluck grapes from stems, clean.

Method

1. For each plate, cover plate with leaf lettuces.
2. Portion yogurt and cottage cheese into two small cups. Place them in center of plate.
3. To set up a plate:

   Place orange wedges on one side of lettuce.

   Place grapes next to oranges.

   Place cheese slices next.

   Place kiwi fruit next.

   Then apple wedges.

   Last pineapple chunks.

Pieces = pcs; each = ea; gram = gm; milliliter = ml; table spoon = tbsp; tea spoon = tsp

第九章　乳製品與起司

177

Lab Recipe9-2 Portion: 30	Marsala Tiramisu		
ITEM#	INGREDIENT DESCRIPTION	QUANTITY	
1.	Egg yolks	10	ea
2.	Vanilla icing sugar 5比1	190	gm
3.	Mascarpone cheese	1250	gm
4.	Espresso (Nestle Instant 5T)	1250	ml
5.	Kahlua	70	ml
6.	Savoiardi fingers	60	pcs
7	Unsweetened cocoa powder	for dusting	
8.	Marsala wine	10	tbsp
9.	Whipping cream	750	ml
10.	Sugar white	175	gm
11.	Eggs white	10	ea
12.	Gelatin sheets	16	pcs

Mise en place
1. Soak gelatin leaf in cold water.
2. Separate eggs.
3. Whip whipping cream and chill.

Method
1. Put the egg yolks, Sugar and vanilla in a bowl and mix gently to a creamy, consistency. Fold in the mascarpone to obtain a cream.
2. Squeeze out water from gelatin leaves, add gelatin to cream and stir to dissolve.
3. Strain through a fine wire china cap.
4. Fold whipping heavy cream into cream.
5. Mix the coffee with the coffee liqueur dip the savoiardi for a second or two in the coffee mixture, making sure they do not become too soggy.
6. Starting with the savoiardi, arrange on individual plates, alternating layers of sponge fingers and mascarpone, ending with mascarpone.
7. Dust the servings generously with cocoa powder and put into the fridge for an hour to two to set and chill.
8. X'mas garnish: Cherries, Mint spring, icing sugar.

Pieces = pcs; each = ea; gram = gm; milliliter = ml; table spoon = tbsp; tea spoon = tsp

第十章

肉類（牛肉）
Meat; Beef

　　自古以來人類就是雜糧肉食性動物，不論它的缺點如何，例如：肥肉與膽固醇、宗教與道德、疾病與環保等，它的蛋白質、油脂與美味口感依舊在今天的餐桌上占有重要的地位。雖然它是飲食費用中最貴的一項，但人們願意用盡心思來選購與使用它，因爲它會給人最原始的飽足感。

　　新鮮的食用肉是蛋白質、礦物質（鐵）及維生素（B&A）的重要來源。多數的肉類都含有15～22%的蛋白質，其營養價值高，少量即可滿足人類所需。除了肝部位，肉類也含有1～5%的少量碳水化合物。肉類的脂肪含量並非取決於動物類型，而是跟肉的部位有關。比較精瘦的部位，脂肪含量約是1～6%，有大理石花紋的肉塊則有15～25%的脂肪含量。

一、可食肉類與加工品的定義

　　如今，許多菜單所使用的肉類多來自畜養的三種動物：牛、羊及豬。歐洲瑞士政府明文規定，所謂「肉類」（meat）僅用在被人類拿來食用的動物全身或部分部位的新鮮（fresh）肉品；包括：肌肉組織（edible lean muscular tissue, connective tissue）、脂肪（fat）及不同部位的器官（organs），還有鮮血（fresh blood）。除了屠宰後加以冷藏外，這些肉類都是未經加工處理或特殊保存方法處置過的新

鮮食材，但內臟例外。

　　許多人以肉塊中的脂肪含量來評斷肉質的美味與口感，絕佳的肉質在料理後應該是多汁、油嫩且有肉香味的。肌肉中若有大理石花紋的小油花分佈，絕對是顧客的上選，因爲花紋脂肪（marbling fat）在肌肉纖維中彷彿完美無暇的網絡，無法分辨與挑出，對肉質極爲重要。至於夾雜在肌肉塊或器官旁可視的小形脂肪塊（finish fat），不但在動物體內具有防撞功能，更是菜餚中油脂美味的儲藏地，例如標準的牛排切割，四周保留1～2公分的脂肪層是必要的（圖10-1）。在美國，finish fat可決定該肉塊的等級，尤其是肋排（ribs）上成條的肌肉與脂肪的排列層次。此外，最大宗的脂肪來源應該是動物外皮下的厚厚脂肪層（surface fat），它是動物體的保暖能源，也是許多美食的基本材料，例如豬肉培根（bacon）不但代表完善的豬隻餵養，更在烹飪中有防止食物快速被燒乾或燒焦的功能。

圖10-1　牛排四周1～2公分的脂肪層

　　所謂冷凍肉（frozen meat）是指屠宰後整塊冰凍的肉，亦包括先冷凍後解凍再拿出來賣的肉。冷凍肉通常是眞空小包裝，儲存在攝氏-18度的低溫下，例如：裏脊肉條（filets）、後腰脊肉（sirloins）等，進口的居多。至於加工處理或特殊保存方法處置過的肉（processed meat），則是指透過鹽處理（salting）、煙燻（smoking）、

風乾（drying）、炙烤（roasting）、烹煮（cooking）或罐裝（canning）等方式保存帶有肉的食物；例如：香腸（sausages）、罐裝肉塊（canned meats）、肉醬（meat marinades）、肉泥凍（meat pâtés）、火腿（hams）、培根（bacon）等。所有肉製品都必須經政府相關單位的衛生安全檢驗與管制。

二、肉類的衛生安全與品管

世界各國對食用肉類都有嚴格的檢驗與把關，目的在確保肉質新鮮與可食，避免消費者接觸不衛生或病死的肉體。有些畜養者對動物施以不合法的養殖方式，甚至用荷爾蒙促進生長或藥物治療疾病，殘留物可能會對消費者產生相當大的影響。如今，食用肉類常見一些重金屬及藥劑的殘留雜質，例如禁藥瘦肉精（受體素；ractopamine）本用來治療人類的氣喘（支氣管炎），但在動物實驗中，竟發現此成分可以提高瘦肉比例，減低脂肪，顏色鮮豔紅潤長得快，所以被畜養者違規使用提高所得。消費者食用後可能引發心悸、心血管疾病等副作用。因此在許多常態性的檢驗中，用藥種類與期限都已被管控，以防濫用。

狂牛症（mad cow disease）是一種牛腦海綿狀病變（Bovine Spongiform Encephalopathy；BSE）的神經性傳染疾病，伴隨牛大腦的功能退化，臨床表現為神經錯亂、運動失調、痴呆和死亡。因此，所有畜養國家都積極面對傳染疾病的問題，例如美國農業部（USDA）的肉類檢驗是必定執行的，而且都在加工處理廠或包裝室進行，農業部有專業的檢驗人員在現場維持衛生標準，只有合格的肉類才能加蓋檢驗標章（inspection stamp；圖10-2）出售，以示安全。

USDA Inspection Mark
Used on raw meat

圖10-2　美國牛肉檢驗標章

　　肉類價格較高，也是極容易腐壞的食材，應小心處理。肉品儲存時的品質取決於處理者的個人衛生及儲存庫房的清潔與溫度。新鮮肉類及肉製品應全程冷藏，庫房的溫度至少應維持在攝氏0～2度，濕度82～85%。肉類不應堆疊儲存，儘管儲存條件佳，但庫房若太乾燥，肉品極易萎縮粗皮；太潮溼則會產生黏液，很快就開始腐壞生霉。因此，肉類最好儘快分裝在眞空包裝袋中（Cryovac）再冷藏或冷凍以防凍灼（freezer burn），每份包裝都需註明日期，需用時再拿出回溫。

三、肉質與熟成（meat quality & aging）

　　動物一旦被屠宰，酶活性（enzyme activity）即開始作用，先將肝糖（glycogen）分解成單糖（simple sugar）再轉換爲乳酸（lactic acid）。熟成作用（aging）會使肉類的肌肉纖維變得更柔嫩，不但比較好消化，乳酸更能增加肉質的風味，降低細菌孳生。一般理想的熟成時間約在1～4周內，所以肉塊都是在屠宰幾天後才開始使用，否則肉的組織不但硬實且口感不佳。

　　良好的動物飼養環境是產出優良肉品的先決條件。評估一塊肉的品質與價值，必須先考量各項特性的標準，包括：動物年齡、營養狀

況、肌肉纖維、脂肪含量等，之後才能準確評估其成本。一般而言，年幼動物的肌肉纖維紋理最清楚，不但堅實且柔嫩，是所有肉品中的佼佼者。至於其他肉塊的比較，常以肉的含量多寡（meatiness）來判斷，亦可解釋為肌肉組織與骨頭的比例。例如：一塊肉若含有大塊骨頭，肉量較少的話，它的廢棄量大，實際收益較小。肉的色澤是另一個與品質相關的話題，小油花分佈均勻的肉塊顏色較粉淺，肌肉纖維粗且脂肪含量少的肉塊較深紅。基本上脂肪是乳白色的，部分黃色色澤則是與飼料的維生素A有關。

牛肉熟成（beef aging）是一種改變牛肉肉質的處理過程，如今消費者已逐漸體會到：母牛肉比公牛肉好吃，乾式熟成（dry aged）比濕式熟成（wet aged）的牛肉更可口。目前，濕式熟成是普遍的主流，牛肉在真空密封包裝內熟成並保持肉質水份，不但耗費的時間較少（只需幾天），而且在熟成過程中沒有任何的重量損失。相較之下，乾式熟成需花費15～28天，而且水分蒸發後會損失三分之一以上的重量，也許還會助長真菌或黴菌在表面的增生，但這些並不表示肉質腐敗，而是表面的外殼硬皮可以保護內層的發酵昇華，只要在烹調前切除即可（成本增加）。所以進口商在牛肉到埠後，立刻將真空包裝打開晾在通風的不鏽鋼架上，溫度控制在攝氏3～4度，溼度維持在60～80度。數日內，水份開始從肌肉組織內散發，牛肉本身的天然酵素會打散肌肉結締組織，使得肉質更軟嫩（tenderness），天然酵素還會和外在的微生物交互作用改進牛肉的風味（flavor）與含汁性（juicy）。如今，乾式熟成牛肉的地位已取代Prime級濕式熟成牛肉，成為高消費的時尚流行。

四、牛肉的分級（meat grading）

　　肉類的分級是屬於志願性的，分級不但可觀察到肉品的合格標準，更能以品質來做價格買賣的參照標準。例如美國農業部的聯邦評等服務（Federal Grading Service）針對牛肉做出8項分級：PRIME（頂級品質，多已由飯店或高級餐廳預約）、CHOICE（市場上可取得，品質與價格較高）、SELECT（在市場上的品質與價格居中）、STANDARD與COMMERCIAL（在市場上等級與價格略低）、UTIL-ITY、CUTTER與CANNER（市場上不呈現，多送入組合肉食品加工廠或罐頭工廠）。

　　首級（USDA Prime，圖10-3）的牛肉質地柔嫩，肉質呈亮紅色，口感紮實。肉骨比例（ratio of meat to bone）極高，精瘦肉中大理石花紋（marbling of lean flesh）的小油花分佈也最細緻，不會太肥（ratio of fat to lean），而且質地多汁、軟嫩、色澤淺。一般較年輕的牛隻身上都有此特質，甚至還有可食的白色軟骨，增加咬感。

圖10-3　牛肉分級首級

　　次等（USDA Choice，圖10-4）的脂肪可能太少或太多，脂肪較硬且易碎。肉與骨的比例沒那麼高，油花可能很少或太多（肥）。咀嚼口感比較紮實，肉塊柔嫩度僅是中等。多屬於較年長的牛隻，所以沒有軟骨。

圖10-4　牛肉分級次等

　　除了歐美各地飼養的食用肉牛外，近年來日本的和牛也是許多人公認美味的肉品精華，有時進價比美國的首級（USDA Prime）還高。日本本土飼養的食用肉牛統稱爲和牛（Wagyu），由於和牛的血統及飼養方式與其他國家品種的牛隻有別，所以形成其獨特的風味與質感。著名的三大和牛品種有：松阪牛、神戶牛和米澤牛。近年來，許多國家；如澳洲，也開始輸入飼養和牛，以滿足世人的口腹之慾。

　　和牛的腓力無論在嫩度、風味、小油花上都是上選，原因出在品種的嚴選與育肥訓練（三年育成），飼料中加有大豆粕、啤酒或日本燒酒，還要定時按摩肌肉，使肉質柔嫩，脂肪分佈均勻呈雪花般紋理，日本人稱之爲「霜降」。日本餐食業依據小油花的分佈分爲A1～A5等級，紋網愈密者等級愈高。最高級是A5中第15級（又稱極上牛），霜降油花與粉紅肉呈1比1的比例。其實，和牛帶來入口即化的軟嫩口感取決於油花的融化溫度：神戶牛肉的油花在攝氏40度開始融化，但頂級的松阪牛肉在攝氏25度就已經融化了。

五、牛肉的切割部位（meat cutting）

　　一般而言，以穀物飼養的牛肉成長到十八個月後，肉質是上乘的。但肌肉的柔嫩度則不一定，較少運動的肌肉；其肉質較嫩，常走路或站立的腿部／臀部／肩部則口感較紮實。牛肉的切割部位（圖10-5）與用途說明如下：

圖10-5　牛肉切割部位

A　Neck頸肉

　　牛頸部（neckbones）可食部分包括從動物脖子處切下的頸肉與骨架，大塊的頸肉可以移出，但骨架鑲嵌的頸肉則必須經過幾個小時的熬煮，直到骨肉分離方可取得。牛頸部的食材通常適合用來做砂鍋或燉菜，如果加些新鮮蔬菜香料還能熬煮高湯，輔助其他菜餚或醬汁的完成。頸肉含有相當多的脂肪，骨架更有豐富的鈣、磷、鎂、鈉、鉀等礦物質，牛頸部周圍的軟骨還能提供膠質，軟化肉湯或燉菜的口感，增加肉湯美味，降低食物成本。

B　Breast胸肉

　　從牛隻的下胸部（lower chest）取下的肉塊稱為胸肉（brisket），由於這些肌肉必須支持牛隻站立或移動時約60%的體重，所以胸肉是一個重要的結締組織，其膠原纖維（collagen fibers）強韌，屬於烹調過程中較難軟化的肉塊，但只要經過長時間低溫的正確處理，依然可以得到膠原蛋白轉化為明膠的熟軟組織。

　　許多在地佳餚都喜歡選取整個去骨的新鮮胸肉製餐，例如猶太人（Jewish）的蔬菜燉烤（braised pot roast）、英國人的砂鍋（casserole）等。最著名的莫過於美國的醃製胸肉（corned beef），長纖維的肉塊味道特別，顏色因硝酸鹽而呈鮮橘紅，這是三明治、快餐店常選用的食材。

C Ribs肋脊肉

　　牛胸腔的肋脊肉（ribs）部位，肋排前端的大骨頭較多，從肋骨跟肋骨間取出一條條的牛肋條（牛腩；rib finger），油花多帶筋膜，常用在紅燒牛腩、紅燒牛肉麵等菜餚中，是許多饕客的首選。帶骨牛小排（short rib）則是美國以玉米飼育牛齡小的肉牛，垂直切兩側的肋骨呈片狀，因富含大理石小油花，所以肉質鮮美，適合烤、煎、炸、紅燒等方式的烹調。假如特意取其指定的各三根，兩邊共6根，即所謂的「台塑牛小排」。

　　至於帶骨烤肋排，通常選用幼齡或肋排尾端細小較嫩的帶骨肋排（finger ribs），肉不多但切成5～6根一段（a rack of ribs），無論燒烤、BBQ、油炸、燻烤都適用，尤其在戶外手撕牙啃更是常見的食用方法。

　　大塊上等肋骨牛排（prime rib steak）是從肋脊肉部位的上端切出帶肋骨的肉塊，牛排因為附肋骨，所以骨髓血液豐富，任何乾熱法的製作都可以保持3～5分熟的嫩度。肋眼牛排（rib-eye steak；Scotch fillet）則是將肋骨牛排的肉從骨條中移出，因為含有長肌肉條（longissimus dorsi muscle），其中又以complexus和Spinalis肌肉條的口感最佳，這是沒有骨頭的肋眼牛排勝出之處。在美國的餐館還有帶骨肋眼（bone-in rib eye steak），它的大理石花紋脂肪讓牛排無論在慢烘烤（slow roasting）或燒烤（grilled，barbecuing）上都很不錯。

　　除了牛排外，整塊的肋脊肉也可低溫長時間窯烤（rib roast），消費者可依熟度的要求選擇切割的部位，一般靠近骨頭的地方肉質最嫩，這也是大型自助餐會上的佳餚。

D Short loin前腰脊肉

　　前腰脊部（short loin）是牛隻運動最少的部位，腰脊因含脊骨，所以切割不易，但它的肉質最軟嫩，大理石小油花分佈均勻，所以燒

烤很容易熟，往往產生肉嫩且美味的牛排，售價極高。

上等腰肉牛排（short loin steak）是前腰厚端切出的大塊牛排，通常有T形骨和相當大塊的腰部軟肉。此部位可算是最有價值的切口之一，著名的牛排包括：porterhouse steak（紅屋牛排）、T-bone steak（丁骨牛排）、club steak（New York strip steak; Kansas City strip steak）、top loin steak等。前腰薄端切出的小塊牛排，則含有較小的T形骨和腰部嫩肉，一樣是牛排的首選。除了牛排外，整塊的前腰脊肉（short loin）也可低溫長時間爐烤（pot roast），做自助餐的選項。

E Shoulder/chuck肩胛肉

肩胛部是牛隻經常走路運動的部位，不但肌肉發達，而且筋多油脂分佈均勻，嫩度僅次於腰脊部及肋脊部。常見大塊的嫩肩里肌牛排（chuck steak），因為是長方形切割的（厚達2～3公分），內含少許肩骨，所以又依其形狀稱之為7-bone steak。若將整塊肩胛肉爐烤則稱為7-Bone Roast或chuck roast，建議烘烤時宜添加些許水份或蔬菜做濕烤（pot roast），比較符合經濟效益。

由於肩胛部的肉質較韌，所以食用上多切成小塊燉煮（stew beef），或絞碎（ground beef）做漢堡肉餅（hamburger）或肉丸子（meatball），都可以添加油脂後再搭配在其他菜餚中。

F Leg/round臀部（股腿肉）

臀部（股腿肉；rump）屬於牛隻後端常運動的部位，肉質清瘦、組織粗實、富有咬勁。大塊的股腿肉可以做低溫長時間的爐烤（pot roast），稱為bottom round roast或rump roast。烹飪過程中應先將肉的表面焦糖化，再加蓋保持水分慢慢煨烤出風味，最後才分切裝盤。整個肉塊亦可絞碎（ground beef）做漢堡肉餅（hamburger）、肉丸子（meatball）或肉餡糕（meatloaf），此乃歐美國家常使用的

食材來源。

G Flank腹脅肉

腹脅部（short flank）肉質纖維較粗，脂肪含量高，顏色鮮紅，所以常修飾脂肪後再切成一片片薄薄長長的肉片販賣，上下是白色的肥肉夾著中間的瘦肉，或做薄片燒肉（牛丼、壽喜燒），或做火鍋片（牛五花、牛培根、雪花牛肉），或做中式快炒牛肉（stir-fry beef）。

從腹脅部切出的長條肌肉亦可做薄牛排享用，肉塊經過醃製後，先煎後烤再切薄片裝盤，此乃北美和英國著名的London broil。相同的成品若放在墨西哥的軟玉米餅（soft taco）中，即為美食Fajitas。在南歐則將煮過的厚肉片與蕃茄濃醬紅燒燉煮，此乃家鄉菜sobre-barriga。其實，絞碎的肉（ground beef）也常使用在速食店的漢堡肉餅（hamburger）中。

H Sirloin後腰脊肉

後腰脊部（sirloin）也是牛隻運動較少的部位，組織軟嫩小油花分佈均勻，可切出的牛排可分上下兩部分：後腰脊肉上端（top sirloin）的肉質極細且含油花，國人習慣稱之為沙朗牛排（sirloin steak），它可直接在煎板上依熟度完成製作。後腰脊肉下端（bottom sirloin）的嫩度與肩胛部相近，肉塊較大，先灑些胡椒鹽醃片刻，以熱油烙燒後再移入烤箱烘烤，此乃sirloin tip roast的方式。

後腰脊部最著名的應該是兩條無骨懸掛的裏脊肉條（tender-loin），因為不負重所以結締組織較少，可以說是牛肉中最嫩切、最可取、最昂貴的部位。如果是準備整條售出，烹調時多在外皮沾滾一些胡椒粒和香料，先煎烙外層再移入烤箱烘烤（whole tenderloin roast），精美成品可在餐桌上輕鬆切割分食。

從裏脊肉條垂直切出的嫩牛排號稱菲力牛排（fillet steak; *filet de bœuf*），多自最粗端開始，依序排列為：chateaubriand、filet steak、tournedos、filet mignon、filet goulash。其中chateaubriand最大片，位居中段的tournedos形美且價格最高。小號的filet mignon則以蝴蝶刀切法（butter flied）完成，有時還會包層培根以增加油脂度。理想的菲力牛排厚度約3～5公分高，依原樣在煎板上用高溫烙燒或煎烤，當完成理想的熟度後，搭配白蘭地奶油醬（Cognac cream sauce）或紅葡萄酒胡椒醬（red wine reduction with peppercorns），都是頂級的享受。

尾端的filet goulash已無法切成牛排，所以多加入燴料中，或擔任Burgundy beef Fondue的主角。有時也會將其生鮮剁碎，拌入洋蔥碎、香菜碎、酸豆等，上桌時佐以生蛋，此乃著名的韃靼牛排（Tartare steak）。

J Shank小腿腱肉

牛腱（shank）是牛隻腿部的一束束肌肉條，四周與內部佈滿了結締組織（牛筋），因為四肢要負擔全身的重量和運動，因此牛腱非常結實。依種類與部位的不同還可分為前腿脛（foreshank）和後腿腱（hindshank），牛腱在四肢小腿部，前腿牛腱的筋比較多也比較有嚼勁。生牛腱切塊後直接滷製可做牛肉麵，亦可整塊滷後放涼切薄片做涼菜。

牛膝（knees）的肉更少，結締組織（牛筋）更豐盛。著名的義大利名菜：米蘭燉牛膝（Ossobucco），乃是以小牛膝為主要食材，使用香料和蔬菜，經過長時間濕熱烹煮後，將肉和牛髓一齊燉煮入味，搭配飯或麵食皆宜。

腿骨是便宜又低成本的牛肉高湯原料（stock），廚房師傅常花許多時間燉煮，以完成醬汁（sauce）的需求。後腹脅肉尾端（tip）乃指牛的尾巴，經過燉煮也可以做出許多佳餚，例如：牛尾湯（beef tip soup），還有牛尾雜燴（beef tip stew）。

六、牛排的熟度選擇(beef steak doneness)

　　大部份的食物都以熟食做爲安全的標準，目的在消除裡外的細菌，方便咀嚼。豬是雜食性動物，生吃容易感染旋毛蟲類的病菌，海鮮類也一樣可能有寄生蟲的疑慮。唯牛排可以不煎至全熟，而以個人的喜好來選擇生熟程度，這是因爲牛是草食性動物，比較安全。至於羊肉則因腥味重，所以也比較少拿來生食。

　　牛排的生熟度判斷可以從下列3種方法來取捨（表10-1）：

1. 從肉塊表面的堅實度判斷熟度

　　西廚師傅多以手指或煎鏟來碰觸肉塊的表面，肉塊越柔軟表示越不熟，所以肉質彈力（response to finger pressure）可從其堅實度來判斷肉塊的熟度。例如：三分熟（underdone）的牛排按下時的柔軟彈力佳，七分熟（medium well）則結實微軟，些許彈性。

2. 從肉塊血液的顏色判斷熟度

　　肉類的血液顏色（blood color）源自肌紅素（myoglobin）變化，它原是暗紅色的，一旦與空氣中的氧結合再經加熱，立即氧化，再加上蛋白質變性，血液轉爲灰褐色。所以一分熟（rare）的微煎牛排僅表面呈灰褐色，剖面卻是血紅色。全熟（well-done）的牛排表面稍微烤焦呈棕色，剖面幾乎完全爲灰褐色。

3. 從肉塊的中心溫度判斷熟度

　　所謂的溫體肉乃指非經冷藏、冷凍而在常溫狀態下的鮮肉，所以製作前應先將牛排從冰箱中取出回溫（約30分鐘）。烹調中的加熱乃是帶動水分子的上升跳躍膨脹，改變蛋白質的胺基酸變性，所以一分熟（rare）的中心溫度較低（45°C：115°F），當外界的熱溫逐漸移入時，肉質開始改變。有些美食專家認爲，牛排的蛋白質遇熱上升到60°C時，肉質就會開始排水、緊縮，所以美味僅在60°C的山頂

（五分熟）軟嫩多汁，超過就要下坡了（圖10-6）。

圖10-6　五分熟的牛排

　　廚房常將鋼頭溫度計的細尖插進肉裡推測肉的中心溫度（圖10-7），當肉快熟時應立即熄火，組織內的水分子會減壓且逐漸回流至細胞中，所以最後的休息與餘溫（carry-over cooking）依然會提高中心的溫度。牛排肉品如果非常新鮮，老饕們喜歡叫三分熟或五分熟，一般人比較習慣叫七分熟，但路邊攤的肉品低廉較不佳，甚至是組合牛排，基於安全考量，建議煎到全熟。

圖10-7　用溫度計來探測肉的中心溫度

表10-1　肉類熟度的測試（Testing for Meat Doneness）

°C (°F)	中文	英（法）文	肉類	手指碰觸彈力（response to finger pressure）	肉塊血液顏色（blood color）
45 (115)	一分熟	rare (*bleu*)	beef	meat is spongy	red
50 (125)	三分熟	underdone (*saignant*)	beef	meat springs back strongly	light red
60 (140)	五分熟	medium (*a point/rosé*)	beef, game, lamb, duck, guinea fowl	meat springs back lightly	pink
68 (155)	七分熟	medium well	veal	meat is almost firm	light pink
72 (160)	全熟	well-done (*bien cuit*)	chicken, pork	meat is firm	clear

七、粗靭肉塊的前製處理

　　從牛肉切割的部位發現，肋脊肉（ribs, C）、前腰脊肉（short loin, D）和後腰脊肉（Sirloin, H）是運動少、肉質細嫩且小油花分佈均勻的首選三部分，不但適合用乾熱法製作牛排，更可品嚐牛排不同的熟度。但另有數部位的品質不若上述之理想，例如：胸肉（breast, B）、肩胛肉（shoulder/chuck, E）、臀部（股腿肉，leg/round, F）和腹脅肉（flank, G），偏偏它們所佔之比例甚高，所以一直是廚師們嘗試克服的難題。

　　在不同的烹飪方法中，對於結締組織少的肉類在處理上比較容易，天生軟嫩只要保存肉汁即可。對於結締組織多的肉類在處理上就比較費工，除了加強它本身的味道外，如何軟化組織並保存肉汁就變得非常重要。因為在加熱的過程中，當溫度到達60～72°C（140～160°F）時，肉類蛋白質開始變性失去水分，會急速變乾。然而也只

有持續這樣的溫度十分鐘，才能夠消滅家禽類的沙門氏菌和豬肉裡的寄生蟲。因此，結締組織較多的肉類可以長時間暴露在濕熱的溫度中（97°C，208°F），當結締組織吸足水分後，膠原蛋白會膨脹溶解，形成可咀嚼、容易被消化的凝膠，或許可取代長時間烹飪所流失的肉汁口感。

針對粗韌肉塊的前製處理另有：

1. 醃漬處理（marinating）：常用的醃漬液基本材料包括油（保存肉類的溼度）、酸性物質（醋、檸檬汁、葡萄酒）、鹽和香料，醃漬液不但可經由擴散、滲透與吸附作用加強食物的風味，酸性物質還可以加速膠原質的水解作用軟化肉質，酒精和鹽更可以殺菌延長肉類的保存時間。傳統的德國美食Sauerbraten，即醃漬大塊粗肉後的烤酸牛肉，風味特殊且鬆軟多汁。

2. 包脂處理（barding）：將大片的油脂（白色豬油pork fatback）切成薄片（0.5公分），先包在肉塊上，再用麻線縱橫雙向地綁住脂片（圖10-8）。亦可將脂片切成一公分寬的長條，依序排列在肉塊上，烘烤時高溫可融化油脂滋潤組織，暴露的空間還有表層焦化的效果。

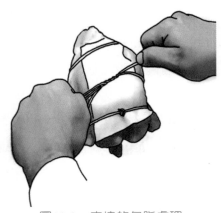

圖10-8　肉塊的包脂處理

3. 貫脂處理（larding）：將大片的油脂（白色豬油pork fatback）先切成片（0.5公分），再切成0.5公分寬的細長條，放入特製有溝的細長管（larding needle）後，將脂條以縫衣的方式貫穿肉塊（圖10-9），目的在塑造人工小油花，烘烤時高溫可融化油脂達到組織內部的滋潤效果。

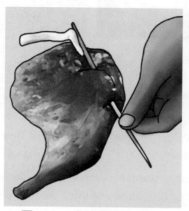

圖10-9　肉塊的貫脂處理

八、肉類的烹飪方法

肉品料理常被視為菜單中的主菜，其他菜餚依肉類來調整設計，嘗試在顏色和味道上做合理的搭配。一般來說，肉類是廚房預算中最昂貴的食材之一，如何適當的選擇、使用及製備，對於一個餐廳的獲利是非常重要的。

在本書第三章西餐製備原理中已將烹飪的過程與方法做詳細說明，請參閱。最好的成品歸功於廚師的選擇，包括肉類部位、烹飪方法、溫度掌控與時間的拿捏。一般肉類的製備可分為乾熱法（dry heat cooking methods）與溼熱法（moist heat method）（表10-2），乾熱法適用於品質較佳的部位，高溫製備耗時短且收縮率低，口感好但價格高（圖10-10）。溼熱法則適用於品質較差的部位，低溫加水

的烹煮耗時長且收縮率高，口感略柴但價格低。總之，只要廚師能夠分辨肉類的軟嫩度，選擇最合適的方法就能烹飪出最好品味的產品。

圖10-10　經過燒烤（broiling, grilling）的肉塊

表10-2　西餐原理與肉類烹飪方法

	乾熱法 Dry Heat Cooking Methods (no liquid added)	溼熱法 Moist Heat Method (liquid added)
Name		
Method	Use high heat to sear the meat and seal its juices first, then use low heat to cook the meat to the desired degree of done.	After the boiling point is reached, the heat should be reduced so that the liquid simmers.
	Roasting- *rôtir* (140-250 °C)	Braising- *braiser* (140-220 °C)
	Baking -*cuire au fou* (140-250°C)	Pot roasting- *poêler* (140-160 °C)
	Broiling (grilling) -*griller* (220-250 °C)	Stewing-*étuver* (100-110 °C)
	Sautéing-*sauter à la minute* (160-180 °C)	Simmering-*cuire par ebullition* (80-100 °C)
	Frying- *friture* (160-240 °C)	Steaming- *fumant* (100-140 °C)
Temp.	Higher	Lower
Time	Shorter	Longer
Looseness	Smaller	Bigger
Location	Little connective tissue with good marbling fat. Young age or meat be larded or barded. Sirloin, rib, leg of lamb	Low grade, tough part or old age Little fat contained Round, chuck, bottom

九、豬肉的介紹

臺灣養殖的豬肉遠近馳名，近年來更以「網室豬」和「自然豬」提昇品質。有些農家嘗試以高肉質基因豬肉養殖法帶出「雪紋」豬肉的質感，但仍有許多人喜愛頭頸脖子的二塊肉（俗稱六兩肉）。

一隻豬從養成到上市拍賣的時間約是5個半到6個月，現在的養殖法比過去更為精瘦。因豬肉不適合真空包裝，所以不宜長期儲存，最多只能冷凍三個月。烤乳豬多用很小隻的乳豬（約12公斤），因為皮很嫩，所以乳豬是整隻來炙烤，保存脆皮。

豬肉的部位以及其使用方式略述如下：

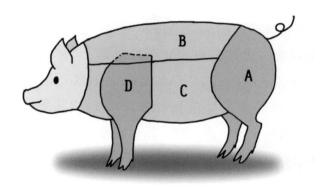

A Leg 後腿肉：可做火腿（ham）。

B Loin 腰肉：其中裏肌肉（tenderloin）是最細嫩的部位。

C Side 肉排：大肉排（pork chops）、小排（country-style ribs, spare ribs）、培根（bacon）、板油（fatback）。

D Shoulder 肩肉：前腿肉。

美國農業部針對豬肉也進行檢驗與分級的作業，例如：USDA Prime屬於上等豬肉，肉骨比例極高，精瘦肉與小油花分佈絕佳。肉色呈亮紅色，質地柔嫩且紮實。脂肪質地軟、色澤淺不會太肥。如果

是幼豬，身上還有白色的軟骨可選。

十、羊肉的介紹

　　至於羊肉部分，成羊約在6～8個月時宰殺。春羊是喝奶長大的，約於三個月大時宰殺。歐洲賣的復活節羊（Easter lamb），宰殺時可能還不到三個月。Mutton這個詞是指12個月以上的羊肉，羊肉是歐洲內陸國產品，但也有從紐西蘭、蘇格蘭及英國進口的羊肉供應。市面上對新鮮羊肉的需求越來越大，例如：羊排（rack）、腰脊肉的橫切片（kidney chops）、腰肉（loin）等，只有精瘦的羊肉才適合冷凍保存。

　　美國USDA對羊肉的品質乃依肉塊的一致性、顏色、肥瘦比例和紮實度來評價，尤其是肉的紋理最重要。羊肉的分級包括：US Prime、US Choice、US Good、US Utility及US Cull。上等羊肉（US Prime）的肉質產量高，肉花分佈均勻，肉色淺紅紮實。脂肪穩固、易脆呈白色，整體來說不會太肥，這也就是歐美國家對餐飲界製作羊肉餐食的基本要求。

西餐實習菜單

Lab Menu#10
Recipe 10-1: Sizzling Grilled Filet Steak w/ Black Pepper Sauce
Recipe 10-2: Baked Spare Ribs

Lab Recipe10-1 *Portion: 8*	**Sizzling Grilled Filet Steak w/Black Peppercorn Sauce**		
ITEM#	INGREDIENT DESCRIPTION	QUANTITY	
1.	Beef tenderloin (raw)	1600	gm
2.	Salad oil	50	gm
3.	Garlic	55	gm
4.	Onion	100	gm
5.	Red wine	75	ml
6.	Demi-glace	3	tbsp
7.	Water	320	ml
8.	Black peppercorn	15	gm
9.	Heavy cream, no sugar	50	ml
10	Unsalted butter nuggets, cold	25	gm

Mise en place

1. Peel and chop garlic and onion finely.
2. Trim and filet beef tenderloin as steaks.
3. Grind black peppercorn finely.
4. Preheat grill to 220℃.

Method

1. Use oil to sear steaks in the grill both sides quickly.
2. Remove steaks, and keep them warm in the oven.
3. Use oil to sauté garlic and onion in the saucepan through. Add red wine to reduce dripping completely (deglaze).
4. Add water and demi-glace, bring sauce to a boil.
5. Add crushed black peppercorn to taste.
6. Add heavy cream to make sauce creamy.
7. Finally, add cold butter nugget to make sauce shiny.
8. Serve steak with sauce on top.

Pieces = pcs; each = ea; gram = gm; milliliter = ml; table spoon = tbsp; tea spoon = tsp

Lab Recipe10-2 Portion: 32	Baked Spare Ribs		
ITEM#	**INGREDIENT DESCRIPTION**	**QUANTITY**	
1.	Pork spare ribs	9000	mg
	MARINATE SAUCE:		
2.	Honey	450	ml
3.	Sugar	200	gm
4.	Garlic, mashed	160	gm
5.	Paprika powder	6	tbsp
6	Salt	4	tbsp
7.	Shortening	100	gm
8.	Rosemary, dried	8	tbsp

Mise en place

1. Mix sauce ingredients together. Marinate spare ribs with sauce over night.
2. Heat oven to 160°C/160°C.

Method

1. Arrange spare ribs on roasting pan. Bake in oven at 180°C for 2.5hour. Turn over-in between baking.
2. During end of baking, cover foil to avoid browning; if it is needed.
3. Insert thermometer to test inside temp, 85°C at least.

Pieces = pcs; each = ea; gram = gm; milliliter = ml; table spoon = tbsp; tea spoon = tsp

西餐製備與實習

第十一章

禽類與野味
Poultry & Game

　　家禽（poultry）乃指市面上可購得專門用來飼養的禽（鳥）肉類，常見的有：雞（chicken）、鴨（duck）、鵝（goose）、火雞（turkey）、珠雞（guinea hen）、康沃爾小雞（Rock Cornish hen）、鴿子（pigeon）等。一般來說，禽肉的脂肪含量較低，但皮的脂肪含量卻很高。家禽類的肉富含高蛋白質、礦物質（鐵、磷、鉀與鈣）及維生素A和B群，屬於健康的食物來源。

　　如果依家禽類的肉色來分類，發現雞、康沃爾小雞與火雞屬於白色禽肉類（white meat），珠雞、鴨、鵝及鴿子則屬於深色禽肉類（dark meat）。白色與深色禽肉的差異可能源自肉中的血含量或肉色素，顏色也會隨著禽類的年紀而改變（幼禽顏色比成禽來的淡），同時也依部位而不同（火雞腿部的肉色比胸部要深）。一般而言，幼禽比成禽的結締組織少，質地也比較細致。品質好的家禽應該是豐滿有肉、胸部較寬大、脂肪量少且分佈均勻。

一、家禽類的介紹

　　國內常食用的雞肉類（chicken）多為白肉雞、仿土雞和土雞。白肉雞是經由原種雞場、種雞場、肉雞場等生產系列所衍生出來的雞種。仿土雞與土雞則是國內種雞場自行交配的，因具有非白色的羽毛所以又稱為有色雞，例如土雞具有大而直立的單冠、金黃（紅色）的

羽毛、鉛色的腳脛。仿土雞體型比土雞大，羽色則多為黑色。仿土雞在12～13週齡以前未達性成熟就可出售，雞冠也較土雞為小。

　　國人較喜愛食用雞腿部份，不喜歡胸肉。土雞的胸肉少、腿肉多、腳小，較符合國人之消費習慣。一般人都認為白肉雞（1～3公斤）是飼養雞，肉質粉粉不耐咀嚼。土雞肉質較硬，比較有咬感，這是因此它有較粗的結締組織包住肌肉，所以要咬斷它需要較大的力量。

1. 烏骨雞（又稱竹絲雞）因其骨骼烏黑而得名，它們不僅喙、眼、腳是黑的，而且連皮、肉、骨頭和大部分內臟也是烏黑的，它是中國著名的珍禽之一，集藥用、滋補、觀賞於一身，是歷代皇宮貢品，也是今天許多人進補的首選。

2. 閹雞（capon）是刻意閹割並增重的小公雞，飼養的目的在取其體大且軟嫩的高比例白肉（重量在2.7～4.5公斤之間），非常適合用來做烤雞。如今在聖誕季節廣為流行的另一道烤小春雞菜餚，主角卻是康沃爾小雞（Rock Cornish hen）（圖11-1），這是在1950's另一個雜交育種成功的品種，養殖期短（4～6週），重量約2.5磅（1.1公斤），價格卻比一般肉雞貴許多。原因是它體小，胸部寬闊、肉多且腿短小，是許多廚師心目中的食材，也是消費者喜愛的份量與口感。

圖11-1　康沃爾小雞（Rock Cornish hen）

3. 食用鴨肉（duck）多為飼養鴨，它的骨架大、脂肪多但肉少，重量約在1.8～2.7公斤之間，小隻的適合做燒烤，大隻的鴨骨可以熬出絕佳的高湯。中國的烤鴨遠近馳名，法國的橙皮鴨（*caneton à l'orange*）也是不遑多讓，那是利用柳橙的酸來搭配肥油鴨肉的絕境。

4. 火雞（turkey）源自墨西哥野火雞的後代，是世界上最大的雞，一直是歐美聖誕節的傳統食物，也是美國感恩節的大餐（圖11-2）。一隻重量在4.5～6.5公斤之間的大火雞，若無法一次食用完畢，可延用至次日的沙拉、三明治或燉煮的菜餚中。飼養的鵝（goose）也是歐美聖誕節的桌上佳餚，另一種在法國土魯斯（Toulouse）養殖的鵝卻是以其鵝肝為主要目的（*pâté de fie gars*），還有一種斯特拉斯堡（Strasburg）的油封鵝（*confit d'oie*）也是法國料理的主選。

圖11-2　感恩節烤火雞

近年來為因應國內外市場需求，餐飲業逐步開發一些可飼養的稀有禽類以滿足消費者需求，例如：珠雞（guinea hen）（圖11-3）、鴿子（pigeon）（圖11-4）、鷓鴣（partridge）、山雞（Reeves's pheasant）和鴕鳥（ostrich）等。珠雞原產於非洲，引進歐洲後在南部法國、西印度群島、印度和美國蔚為流行。珠雞雖然肉質不多，但

由於成本較高，所以常搭配特殊場合供應特別料理，是法國和義大利的宴會中時尚食物。乳鴿（squab）乃指出殼後一月齡內的雛鴿，體重從出生的10公克迅速長到600公克，有「生命胚芽」之美譽。此時的乳鴿肉質細嫩，骨脆易嚼，養分最容易被人體吸收。傳統法式烤乳鴿在歐洲食譜中常與香腸或肉泥（paté）相伴，體小的烤乳鴿非常容易做造型，其野生的味道也特別能夠溶入蘑菇、奶油豆、櫻桃或白樺樹汁酒的組合，深受女士們的喜愛。

圖11-3　珠雞（guinea hen）

圖11-4　鴿子（pigeon）

二、家禽類的前製處理

家禽一旦宰殺後，必須馬上妥善處理。新鮮的禽肉應冷藏在攝氏1～3度間，溼度則保持在70～75%間，如此禽肉可儲存7天。冷凍過的禽肉應放在冷藏室慢慢解凍；一隻1.5公斤的雞約需15個小時。

雞隻切割有不同的名稱，整隻雞腿（whole leg）可分為大腿（thigh）和小腿（drumstick）兩部分，雞胸（breast）去骨後為清雞胸（boneless breast），可拍平做雞排，亦可切條（cutlet or tender）做雞柳，總之，雞翅（wing）和雞爪（feet）也是許多人喜愛的小品。

準備做烤火雞時，前一晚先在表皮擦塗一些香料和鹽，按摩揉入以增加風味。入烤箱前先在表皮淋上滾燙的熱油，目的在烙燒（sear）並封鎖（seal）表皮與表層肉的水份，以防烤後乾燥。在火雞空洞的肚中放一些塞料（stuffing；forcemeat）不但可以有飽實的外觀，烤後塞料還可以當附菜使用。塞料的成份多以熟軟的澱粉類為主，例如：野米、馬鈴薯、乾麵包等，菇類、香腸、蘋果或堅果類可為輔。火雞1磅重約需1/2杯的塞料，完工後就要做下一步的捆綁動作。

捆綁（trussing; birder）可使翅膀與腿腳緊靠身體（圖11-5），不至因受熱蛋白質變性而伸張，既美觀又易操控翻動，讓每個部位烤得均勻，還有保住胸肉汁液和濕度的功效。

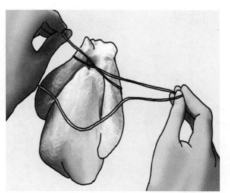

圖11-5　捆綁（trussing）可固定雞隻體型

三、家禽類的烹調與供應

　　一般來說，禽肉在高溫下會迅速縮小，所以烹調的方法要小心選擇。主要依禽隻的種類、年紀來決定製備方法與菜樣，年輕且肉嫩者多以乾熱法處理，包括roasting、pot-roasting、grilling、baking、barbecuing、deep-fat frying、braising等。年長、肉少且骨多者則以濕熱法處理之，或燉湯或紅燒皆可。無論如何，禽肉與肝臟的烹飪都應該要完全熟透，以避免沙門氏菌（salmonella）的感染。

　　烤火雞因體大耗時費工，所以常以低溫濕熱法（pot roasting）來烘烤。首先在烤盤四周加些切塊的紅蘿蔔、芹菜、包心菜和洋蔥，烤時蔬菜不但可以釋放出一些水份，其中含硫物質還能增加烤雞的顏色與香味。一般而言，一隻重4.5～6.5公斤的烤火雞約需3～4小時方可完成，或直到大腿內部的溫度達85℃為止。體小的珠雞或乳鴿在燒烤時還會覆蓋一層培根或燻肉片，以防胸肉變硬。

　　烤溫與熟度皆完成的烤火雞可從烤箱移出，置於桌面休息15～30分鐘，因為體外的熱還會持續進入體內帶動熟度（carry-over cooking），此時組織水份跳躍不宜立即切割，待溫度一致穩定後才能做分切與進食。切火雞（carving meats）需要刀叉的輔助，保守的方法是先卸下胸肉在大盤中（圖11-6），再垂直切片供應。否則，直接在雞身切片也是技術的展現。

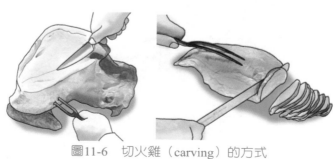

圖11-6　切火雞（carving）的方式

西餐製備與實習

四、野味（game）

　　野味乃指那些原本生活在野生大地的獸類、鳥類或魚類，經獵人捕捉後拿回家中食用的動物。古時是為了生計與儲糧，如今很多獵物都已被豢養變成家畜。基本上，野味區分為兩類：帶羽的、帶毛的。大部分野味的肉色較暗，味道也比較重，而且肉質較硬，不是一般人可以消受。獵物被殺24小時後酵素開始活躍，肉質才會軟化呈膠質狀，因此野味必須掛在涼爽、乾燥、通風而且沒有蒼蠅的地方數日做熟成。在英國，野鳥是以頭部吊掛，野兔則是倒掛，收集的血液還可以當醬汁的黏稠劑使用。

　　在歐美特別季節裡常有狩獵的活動，限定的數量可由獵人補捉攜回，然而整個獸隻（帶毛）帶回家自行處理似乎已不再是明智之舉。如今，不同部位的獵物的肉已可在市面上大量取得，處理好的獸隻也比較安全。例如，瑞士有1/4的獵物肉類需求是由國內自行供應，除了對熊及野豬有做旋毛蟲病檢查之外，其他獵物肉的檢查並沒有明訂細則。紐西蘭進口的真空包裝獵物肉品在美國越來越受歡迎，所有獵物肉是一定要被檢查的。所以，美味可口的「野味」是消費者所愛，如何正確辨識菜單上的獵物肉，就變成一門相當重要的功課了。

1. 鹿（deer）在夏天時是獨居，冬天則是群居。它們喜歡成群結隊在茂密的混合林、矮樹叢、草地或草原中覓食，嗅覺相當靈敏。鹿肉（venison）可來自帶角的公鹿（buck）、雌鹿（doe）或幼鹿（fawn），肉色呈深紅色，幼隻的肉色較淡。三歲鹿的肉質柔嫩且美味，較長的鹿肉則可以燉煮或醃浸滷汁再炙烤。惟交配期的鹿肉，口感味道較差。在美國狩獵來的鹿隻是不能公開販售的，地中海國家常見許多豢養的野生鹿，因為鹿肉和鹿角都是商機。

2. 馴鹿（reindeer）廣居在北歐及美洲極北邊，拉普原住民區

（Lapps）、芬蘭、俄國西伯利亞都有專業的豢養馴鹿。成年雄馴鹿可重達120～150公斤，市面上可看到的馴鹿肉很多，無論燉肉（stew meat）及馴鹿肉排都是居民日常所食。駝鹿（elk）是鹿家族裡體積最大的一種，平均重量約300～400公斤。一至二歲的駝鹿肉質最佳最鮮美，除了一般的肉片、燉肉及肉排外，煙燻駝鹿舌頭（elk tongue）更是一道珍饈。

3. 綿羊（sheep）和山羊（goat）有很多相似之處，但也有些不一樣的地方。山羊非常敏捷，會高高站立吃樹葉、樹枝、藤蔓和灌木的頂部。綿羊卻是草食動物，吃接近土壤表面的短叢和嫩草。大多數山羊只有鬍鬚，短毛不需要剪修或梳理，綿羊則需要每年至少一次的修剪毛茸茸外衣。阿爾卑斯野山羊（Alpine ibex）的特徵是長長彎曲的角，牠們成群結隊的居住在高山區，嗅覺與聽覺都很靈敏。在野地放養的羊群，毛皮是居民的所需，身上分泌的乳汁是重要的飲料和起司來源，少數肉塊也算重要的食物。交配期的羊肉有特殊的腥羶味，老的羊隻味道更是強烈，料理不佳的羊肉口感也不好。通常在野外捕獲的羊種不太具有料理的價值，故每年獵殺不多。

4. 南非小羚（springbok）是在地最重要的狩獵項目之一，如今多在田野豢養或在有圈起來的保留地內飼養。南非羚羊成群結隊生活（約500頭在一起），肉味與鹿肉類似，菜單上一定會清楚註明該道菜是南非小羚肉，以示可口與美味。目前小羚肉的主要出口國有：南非、納米比亞及紐西蘭。市面上可購得的南非小羚肉的部位包括：腰脊肉、臀部及肩部。

5. 瑞士市面上可獲得兩種野兔：田野兔（field hare）及雪兔（snow hare），田野兔的毛是米黃色的，腹部是白色的，耳尖是黑色的。雪兔的毛在冬天時是白色的，夏天是米黃色，耳尖處是黑色的。

有些野兔住在海拔1200公尺高的山區，築巢爲居。有些野兔則會在地底挖洞，四處穿梭。野兔仰賴種子、捲心菜、根莖蔬菜、草本植物及芽菜維生，是農家田間的偷食動物，所以最佳捕獲季節是在秋天，兔子肉最佳口感則是八個月不到的年紀。

6. 歐洲野豬（wild boar）有公豬（tusker）、母豬（wild sow）和幼豬。野豬居住在大型的混合林地，幾乎什麼都吃。夏天時，毛短呈淡灰色，冬天時，毛長呈深黑色。年輕豬隻在六個月大時前身有淡淡的條紋，野豬長到3〜4歲時，肉質最佳，是狩獵者的目標。

　　料理中很少用到熊肉（bear），有的話也都是偶而獵殺的戰利品。在歐洲市面上可買到的熊肉大概包括：腰脊肉（saddle）、肩胛/臀部（shoulder/chuck）、爪子（paw）部位，或燒烤或燉煮皆爲美食。其他稀有的野味還有：袋鼠（kangaroo）、鴕鳥（ostrich）、野牛（buffalo）、駱駝（camel）、鱷魚（crocodile）、松雞（grouse）、山鷸（woodcock）、鵪鶉（quail）等，烹煮野味最好的方法是燒烤，在享受美食之前或許還應先考慮野生動物的保育問題。

西餐實習菜單

Lab Menu#11

Recipe 11-1: Christmas Eve Turkey

Recipe 11-2: Wild Rice & Nut Stuffing

Lab Recipe11-1 *Portion: 32*	**Christmas Eve Turkey**		
ITEM#	INGREDIENT DESCRIPTION	QUANTITY	
1.	Turkey (9 lb; 4.5 kg)	2	ea
2.	Mixed dried herbs	180	gm
3.	Oil, hot	150	gm
4.	Onion	2	ea
5.	Carrot	2	ea
6.	Celery stalk	4	ea
7.	Cabbage	1/2	ea
	Mixed dried herb (for 2 birds):		
8.	Salt	7	tbsp
9.	Paprika	5	tbsp
10.	Black pepper	2	tsp
11.	Rosemary	1/2	tsp
12.	Sage	1/2	tsp
13.	Oregano	1/2	tsp
14.	Thyme	1/2	tsp

Mise en place

1. Frozen turkey must be thoroughly thawed for 36 hours before cooking.
2. Wash the inside of the turkey thoroughly under cold running water.
3. Rub the bird skin with mixed dried herbs.
4. Stuff the bird carefully.
5. Truss the bird with a fine string.
6. Chunk vegetables.

Method

1. Preheat oven to 190°C.
2. Put vegetable chunks in the roasting pan, and place turkey breast-side up on vegetable chunks.
3. Pour hot oil all over the bird to shrink its skin.

4. Roast in oven for 2 to 3 hours until cooked, cover with foil any parts that brown too quickly.
5. To test if the turkey is cooked, check the thickest part of both thighs using a thermometer.
6. Remove turkey from oven and allow it stand for 20 minutes.
7. Carve the turkey as direction.

Pieces = pcs; each = ea; gram = gm; milliliter = ml; table spoon = tbsp; tea spoon = tsp

Lab Recipe11-2 Portion: 32	Wild Rice & Nut Stuffing		
ITEM#	INGREDIENT DESCRIPTION	QUANTITY	
1.	Wild rice	250	gm
2.	Pork sausage meat	500	gm
3.	Parsley, fresh	10	gm
4.	Almonds, toasted	120	gm
5.	Lemon juice	30	gm
6.	Grapes, dried	250	gm
7.	Mixed dried herbs	1	tbsp
8.	Salt & pepper	dash	
9.	White wine	1	tbsp
10.	Brandy	1	tbsp
11.	Egg	4	ea

Mise en place
1. Wash and chop parsley.
2. Cook the wild rice.
3. Chop almonds roughly.
4. Juice the lemon.

Method
1. Place all the stuffing ingredients in a large bowl and mix until well combined.
2. Fill the cavity of the bird with stuffing. Do not pack tightly or the skin may split during roasting.
3. This recipe amount is enough for two birds. Shape remaining stuffing into balls and pace in another plate for cooking.

Pieces = pcs; each = ea; gram = gm; milliliter = ml; table spoon = tbsp; tea spoon = tsp

第十二章

魚類與海鮮
Fish & Seafood

　　遠自上古時代，水生的魚貝類就已經是人類獲取能量的重要來源之一。就營養來說，魚類是蛋白質（15～25%）的主要提供者，通常脂肪含量低且多不飽和脂肪酸，而且魚肉的結締組織少，因此很容易被人體消化吸收。雖然魚肉的化學組成與其他動物並無太多不同，不過因為它們的生長環境和食性背景，通常魚肉有種不一樣的滋味。

一、魚類海鮮的一般料理原則

　　如今，餐廳有著上千萬的海鮮料理來滿足消費者的口腹之慾，但要做出一道美味的魚類佳餚，不僅廚師要有好的廚藝，魚也要新鮮有品質。許多創意的烹調方式使得魚類海鮮料理愈來愈受歡迎，為了滿足持續需求的增加，發達的交通網路和冷藏/冷凍物流系統已經使我們能在短時間買到千里外的現抓魚獲了。

　　魚類海鮮的一般處理/料理原則包括：

1. 乾熱法（dry heat method）：新鮮的魚類海鮮多以乾熱法來處理，尤其是含油脂較高的魚類（salmon、mackerel、herring、swordfish）更適合。常用的方法包括：焗（au-gratin）、烙燒（grill/broil，圖12-1）、油炸（deep-fry）、煎炒燜燒（sauté）等。由於魚肉組織細緻容易碎裂，所以多外加裹衣來保護，裹衣可以用麵粉加水調製（plain），複雜的蛋衣（breaded）或加料的糊（bat-

ter）都能達到效果。

圖12-1　特製網架在烙燒魚

2. 濕熱法（moist heat method）：有些含油脂較低的魚類則比較適合用濕熱法來處理，常用的方法包括：燜煮、煨、炆（braise）、在高湯（white court bouillon）中沸煮或慢煮（boil）、在紅/白酒（red/white wine）中嫩煮（poach）等，目的在保護纖細的肉質，增加嫩度與風味。

3. 加工保存（preservation）：當漁獲足量時，就必須提出加工保存手法來延續食物的使用性，常用的方法包括：醃製（marinating: herrings）、煙燻（smoking: eel, herrings, salmon, plaice, sprats）、鹽醃（salting: herrings, sardines, cod）、乾製（drying: cod, mackerel）、罐製（canning: salmon, tuna, mackerel, sardine, caviar, crab, snail）等。無論如何，大部分的漁獲都會以冷凍（freezing）做最先的處理與保存。

二、魚類海鮮的分類

　　廣義地說，水生的魚類海鮮可區分為四大類：鹹水魚類（saltwater fish）、淡水魚類（freshwater fish）、甲殼類（crustaceans）、軟體類（mollusks）。

　　鹹水魚類多指海魚，例如遠洋深海魚或近海／淺海魚。雖然地球

的淡水水域只佔總水域的2.5%，但生活在湖泊或河川的淡水魚種類卻異常豐富，佔總魚類的41.2%。洄遊性魚類在其生涯中，可以在某時段內生活於淡水中，某時段內生活於海洋等不同鹽度的水域，包括溯河性魚類、降海性魚類等。

甲殼類海鮮的代表有蝦、蟹、龍蝦等，它們外包甲殼來保護內在的軟體。螃蟹和龍蝦有8隻腳和2隻螯，蝦子除了頭胸部的5對腳之外，腹部還有一些較小的泳足。貝類海鮮是對有貝殼之軟體動物的泛稱，包括蚌、蜆、鮑魚、扇貝等，它們脂肪少、熱量低，是蛋白質、維他命和礦物質豐富的食物。惟甲殼類和貝類因為含有嘌呤，比其他食物更容易引起人類過敏性反應。

軟體類海鮮的代表有章魚、烏賊等，它們身體柔軟，一般左右對稱，雖無體節但有肉足或腕，用來感知周圍的情況。部分物種的外殼隱藏至體內（烏賊）或是退化消失，呼吸用的鰓則生於外套與身體之間。它們有幾千顆微小的牙齒（齒舌），吃東西時會像銼刀一樣把食物磨碎。

三、鹹水魚類（saltwater fish）的介紹

1. 鯊魚（sharks）

鯊魚在水域食物鏈中算是頂級掠食者，它們的感覺器官相當靈敏，可以嗅出幾公里之外的血腥味，也可以發覺隱藏在沙底下的獵物。鯊魚的種類約有二百多種，能提供給人類食用的只有少數幾種。常見的有鯖鯊（mako）、狗鯊（dogfish）、大青鯊（blue）、豹鯊（leopard）與烏翅真鯊（blackfin shark）等（圖12-2）。鯊魚的肉質紮實，有人覺得口感甜美，有人覺得肉味腥羶，所以在料理鯊魚肉前，會將肉浸泡在牛奶或酸性液體中除味。鯊魚肉通常是以肉排的方

式呈現，可以碳烤、烘烤、水煮或快炒，也可以切塊拿來做成魚肉串燒烤，喜愛者拿它來煮海鮮雜燴濃湯或燉魚湯更是不在話下。在某些國家，乾的鯊魚鰭（fin）常被拿來煲湯，有其經濟重要性。

圖12-2　鯊魚

2. 鱈魚（cod）

　　鱈魚有很大的商業價值，在歐洲北大西洋（從西班牙到冰島）及地中海與波羅的海等處都可捕獲鱈魚，是歐洲食用最多的魚類。雖然有許多種食用魚都被稱爲「鱈魚」，包括大比目魚等，其實正統的鱈魚數量稀少，但在習慣及餐飲業裡，大家還是會將類似的魚冠上此名稱（圖12-3）。

圖12-3　鱈魚

　　鱈魚多以水底的生物、軟體動物維生，及長成魚也吃較小的魚。鱈屬的鱈魚身型長，身上魚鰭接續相連，形狀圓鈍。鱈魚頭部堅硬強韌，上顎凸起，頭部還有很長的觸鬚，側身有一條淺色的直線稍微彎曲到第三個魚鰭。鱈魚身長約200公分，最重可達20公斤左右。

鱈魚肉質鮮美，魚肉呈片狀的灰白色（圖12-4），相當細緻脆弱。雖然煮時易爛，但拿來煮海鮮雜燴濃湯還是絕佳之選。市場上幾乎所有的炸魚排都是鱈魚做的，販售時通常不帶頭，整隻以厚/薄片來出售。鱈魚的魚頰及舌頭也是珍饈，鱈魚幼魚亦稱為黑線鱈（haddock），重量輕常做成鱈魚乾食用。鱈魚也會被拿掉背鰭骨後再鹽漬，等鹽醃完成後再風乾，料理之前需先浸泡。

圖12-4　鱈魚肉呈片狀

3. 鯷魚（anchovy）

鯷魚的魚身細長，背呈黑色，肚子是銀白色。短小的魚身通常約10～15公分左右（圖12-5），鯷魚的肉質特別，魚肉味道濃烈。通常做片狀醃製或罐裝浸泡在油中，鯷魚也有被製成糊狀或漿汁當調味料使用。在南歐的葡萄牙、西班牙及義大利等國的料理中使用最多，諸國也都有出口這類產品。

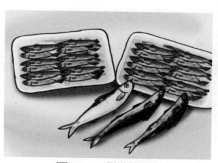

圖12-5　醃製鯷魚

4. 鯡魚（herring）

　　大西洋鯡魚出沒在波羅的海、北大西洋兩側，太平洋鯡魚則可在阿拉斯加西北部到聖地牙哥這一帶發現。鯡魚的魚身較長，有腹鰭。背部呈綠藍色，側身及背部是亮銀色。鯡魚的魚頸凸起，背鰭在背部中央，平均身長約25公分（圖12-6）。

圖12-6　鯡魚

　　鯡魚常集體出沒；白天潛沈海底，晚間才出海面，游動時張著嘴，過濾水中的浮游生物。非常小的鯡魚（吻仔魚）常被補捉，存活的小鯡魚以浮游生物、小蝦及魚卵維生，長大後開始吃較大的小魚和魚仔。

　　鯡魚是重要的經濟魚類，新鮮的鯡魚可快炒、碳烤或煙燻。秋季捕獲的鯡魚比春季的鯡魚較為精瘦，更有味道。荷蘭的鯡魚季在春末夏初，被捕的魚會凍起來保存，入秋後開始出售。

　　鯡魚的魚肉呈白色，肉質精美。在不同地區有許多不同的食用方法，成魚的肉和卵可被生吃，例如：在日本生鯡魚卵被用來做壽司，在北歐切成薄片放在蔗糖發酵的醋中醃泡（pickled herring bits），或浸漬在酒、酸奶醬中當前菜。如今，醃泡的生鯡魚也有裝罐出口。

　　常用的醃製工作：首先用鹽來吸收魚體內的水份，去鹽後再加入其他調味料（醋、鹽、糖、胡椒、洋蔥、蒔蘿等）開始發酵。它是聖誕節、復活節和夏至節日的菜餚，搭配著燕麥麵包、脆皮麵包、酸奶或馬鈴薯一起吃。發酵後的生鯡魚或切成塊拌葵花油和洋蔥做開胃菜，或和其他蔬菜、蛋黃醬一起拌成鯡魚沙拉享用。

5. 沙丁魚（sardine）

　　未成年的魚叫沙丁魚（sardine），長成後稱為沙腦魚（pil-chard），此名或許是源自捕獲該魚之地點Sardinia島。

　　沙丁魚的出沒地點廣大，從大西洋的東北部到加那里群島都有被捕獲的記錄，甚至在地中海北部亦可見沙丁魚蹤跡。沙丁魚是集體行動的魚種，以浮游生物、魚卵及幼蟲維生。幼魚在岸邊活動，長大開始離岸。沙丁魚的魚身細長（約10～15公分），背部是藍綠色，腹部是銀白色，魚鱗較大。

　　沙丁魚肉質鮮美，脂肪含量較高，富含蛋白質、鐵、鈣及磷等成份。營養界認為沙丁魚含有豐富的DHA，能預防膽固醇及心血管疾病。葡萄牙與地中海夏季岸邊盛產新鮮沙丁魚，大量的魚獲要不罐裝鹽漬、要不浸油封裝。美國緬因沙丁魚（Maine sardine）的罐頭業最為發達，還可搭配不同醬汁裝罐，如：芥末醬或蕃茄醬等。

6. 鯖魚（mackerel）

　　鯖魚又名青花魚，是一種很常見的可食用魚類，出沒於西太平洋及大西洋的海岸附近。鯖魚喜群居，屬肉食性，以小魚及浮游動物為食。鯖魚嘴寬又尖，身呈藍綠色，背部及側身還有深藍色的斑馬線條，腹部是銀色的。一般市面銷售的鯖魚長度約25～35公分，身形如魚雷，全身佈滿魚鱗（圖12-7）。

圖12-7　鯖魚

　　新鮮的鯖魚身硬不易彎曲，肉質紮實，呈紅色。因鯖魚易腐所以難存藏，且具有特殊腥味，故少有生食。多數都是以香料或酸漿處理

或浸泡在滷汁裡醃漬，以達成保存與去腥的效果。鯖魚家族中，西班牙鯖魚最為美味。

鯖魚脂肪含量高，新鮮的鯖魚可煙燻、碳烤、快炒、烘烤或炙烤。由於鯖魚在烹煮或紅燒時，肉質容易變成片狀，所以常被製成魚罐頭食用，常見蕃茄醬、辣椒或油罐的罐裝，日本還有鹽漬的鯖魚產品。

7. 鮪魚（tuna）

鮪魚身型呈魚雷狀，魚身僅有上半部到背鰭前有魚鱗，背部是深藍色的，側身是灰色，並有銀色圈點做點綴。有些鮪魚可以利用泳肌的代謝使體內血液溫度高於外界水溫，所以鮪魚能夠適應較大的水溫範圍，生存在溫度極低的水域。鮪魚游泳速度快，瞬間時速可達160公里，平均時速約60～80公里，故五大洋裡幾乎都可找到鮪魚的蹤跡。夏天時，鮪魚會游到近海岸產卵，故大部分鮪魚都是在近海岸邊捕獲的。鮪魚會成群結隊地游到遠洋覓食，冬天時則是待在深海裡成長。

市面上有4類重要的鮪魚：Albacore, Bluefin, Yellowfin及Bonito，其中Bluefin是所有鮪魚中體積最大的，重達600～700公斤（圖12-8）。Yellowfin跟Bluefin相當類似，體積較小（約68公斤）。鮪魚的繁殖能力很強，是一種很受歡迎的海產，經濟價值高。近年來，由於各國政策及漁民的過度捕撈，已對鮪魚的種群、數量造成威脅，最明顯的莫過於藍鰭鮪。因此國際間開始管制鮪魚的捕撈，但成效相當有限。

鮪魚肉質紮實，味道鮮美，肉色為紅色，這是因為鮪魚的肌肉中含有大量的肌紅蛋白所致。鮪魚是一種健康食品，有許多種食用方法，日本人喜歡把鮪魚切成生魚片或做成壽司，魚腹部分被認為是最肥美的部份。歐洲及美國人則會把它弄碎製成鮪魚罐頭，可做三明治或冷盤沙拉。有時可能也會拿來熱煮，但較不常見。

圖12-8 　鮪魚

8. 大比目魚（halibut）

大比目魚的拉丁名*Hippoglossus*意為「海中河馬」，它是世界上最大的魚種之一，Flatfish身長可達2.5公尺，體重300公斤，它的頭狀尖尖，上部側邊灰棕色，魚肚為白色。北太平洋的年捕撈量超過2萬5千噸，其中80%是由美國漁民在阿拉斯加水域捕撈的。全年幾乎都是漁季；特別是三月到九月之間，大比目魚鮮活捕撈，放血後清潔處理並立即冰凍保存，因此其產品品質很高，可全年供應。

大比目魚的市場十分暢銷，其厚又雪白的魚肉、略甜的口味和纖維樣的肉質倍受讚譽。魚肉多切成魚片（fillets），或是切成厚片的魚排（steaks），因為是一種含油量較低的魚種，出色的質地適合於從清蒸到油炸的多種烹飪方式。

四、淡水魚類（freshwater fish）的介紹

1. 鰻魚（eel）

鰻魚是一種外觀類似長條蛇形的魚類，皮膚厚滑，身上佈滿細小的橢圓型鱗片。鰻魚背鰭很長，從頭一路到尾巴（圖12-9）。全世界的鰻魚主要生長於熱帶及溫帶地區水域，除了歐洲鰻及美洲鰻分佈在大西洋外，其餘均分佈在印度洋及太平洋地區。

圖12-9　鰻魚

　　鰻魚與鮭魚有類似洄游的特性，它們在陸地的河川中生長，成熟後（長至10～15公分）洄遊到海洋中產卵地產卵，產卵後死亡。鰻苗會離開海洋，游移至河邊及湖邊，待4～10年後才重新回到海洋產卵，一生只產一次卵。鰻魚的生命力很強，可以適應各種環境；只要天氣溼潤有水氣，它們可以「閒逛」到另一頭的水域。鰻魚主要是靠小蟲、昆蟲幼蟲、小螃蟹與青蛙來維生。

　　鰻魚的油脂含量高（25%），多食不易消化。通常養殖的鰻魚味道含土澀味，料理前須放在活水池中幾天去味。烹煮鰻魚前去皮，它的肉質口感軟嫩，富含不飽和脂肪酸，對降低血脂有利。一般鰻魚都不會生食，這是因為鰻魚血液中有毒性蛋白，必須經過加熱烹煮後才能分解。

2. 鱸魚（perch）

　　鱸魚的背鰭較高，有大型輻射狀魚鰭骨，頭鈍嘴寬鰓尖。鱸魚是淡水魚中味道最佳的魚種，肉質紮實，味甜不油膩。如今在高山地區設有許多養殖場，利用低溫山泉水來繁殖養育鱸魚，其中的七星鱸市場需求旺盛（圖12-10）。

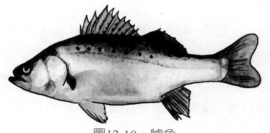

圖12-10　鱸魚

3. 鮭魚（salmon）

　　鮭魚身型細長，全身佈滿小鱗片，頭小嘴尖（圖12-11）。鮭幼魚的顏色與成年的不同，當它們在淡水生活時，身體上有藍色及紅色斑點。當它們進入海水後，身體就會呈銀藍色。一般情況下，鮭魚會溯河洄游到上游禁食待產，那時鮭魚的皮膚會變粗厚，雄魚呈淺綠色或紅色，下顎部長出尖的觸鬚，產卵期從11月到隔年2月。依地點的不同，年幼的鮭魚會在淡水河川中生長1〜5年後，才遷移至海中，它們多以小魚及甲殼類維生。鮭魚一旦回到海中，體重會急速增加，平均體重約3〜4公斤。根據資料，身長達1.5公尺；重35公斤的鮭魚也不是沒有補獲過。

　　Bornholm鮭魚的肉呈粉色，幾乎是白色，但其他種類則幾乎都是紅色的。鮭魚的味道及略帶粉紅色的肉質跟它們食用富含甲殼素的動物有關。肉的口感不但紮實，而且非常美味，惟脂肪含量較高；約11%。

圖12-11　鮭魚

4. 鱒魚（trout）

　　鱒魚一般生活在淡水中（lake trout），但也有海生（sea trout）。鱒魚的身型較小、較圓、頭較鈍。因其品質好，所以有很多魚塭飼養，分白肉類與粉紅色肉類。鱒魚的口感很紮實，現宰殺的料理更是美味，常是餐桌上的佳餚。市面上，鱒魚有新鮮的也有冷凍的可販售。

5. 鱘魚（sturgeon）

　　雖然鱘魚看上去像是海生的大魚種，但它卻是世界上體型最大的淡水魚，也是最古老的魚種之一。一般來講身長有2～3公尺；甚至達7～8公尺，平均體重約200～400公斤；體重在1000公斤以上的也不在少數（圖12-12）。鱘魚僅存於北半球，身形像鯊魚，但嘴小無牙，只有四根可延長的觸鬚。成年的鱘魚會離開海洋往河流上游去產卵，兩年後幼魚再回到海洋中生存。

圖12-12　大鱘魚

　　雖然較小隻的鱘魚肉質鮮美，市場供不應求；其中以煙燻的鱘魚最受歡迎。但真正有價值的卻是鱘魚的卵；魚子醬（caviar）。

　　號稱「西方三大珍味」：魚子醬、鵝肝、松露。許多種類的魚卵都可以被做成魚子醬，但最正宗的莫過於鱘魚的魚卵，最上等的則是產自裏海的Beluga、Osetra、Sevruga的黑色魚子醬。因為俄羅斯和伊朗兩國靠近裏海，所以兩國生產的上等魚子醬幾乎佔全世界市場的95%。現代的冷藏與運輸系統讓全球各地的人都可享受到新鮮

的魚子醬，世界的魚子醬出口中心就是在蘇黎世的比拉赫空運機場（Zürich-Embraport）。

上好的魚子醬是要從母魚活體上直接取拿的，首先打開雌魚的魚鰓，讓魚血流至死。再剖開腹部用手輕捧魚卵放入篩網，先過濾多餘的外部細胞，再以鹽巴稍加處理放入罐中。從取卵到包裝要在十分鐘內完成，最理想的新鮮魚子醬包裝是1.8公斤大包裝，回港後再以小量做眞空包裝（約30～45公克）。每隻鱘魚可取出17～20公斤的魚卵，殺菌後未開罐的魚子醬品質可維持一年。

魚子醬是很精密的產品，多儲藏在溫度攝氏-2～0度之間。魚子醬的特色以Beluga最上乘，價格昂貴，魚卵顆粒也最大（約3.5mm），其色呈深灰。雖然Osetra的卵較小，但膜較堅韌，且不易腐壞，其色呈黃至棕。

魚子醬的價值反應在價格上，更能從象徵性的代表來確認使用者的身份與地位。說穿了，魚子醬的享樂價值高出其營養價值。食用時，魚子醬不能與銀器或不鏽鋼接觸，因銀和金屬會氧化，與魚子醬接觸後，魚子醬會產生魚腥味。所以，吃魚子醬應使用中性材質，例如：水晶玻璃、珍珠貝、龜甲或木頭類。魚子醬端出時，一定要以冷盤出場，下舖一層碎冰。魚子醬可單獨享用或夾麵包來吃，千萬不要搭配太多洋蔥或檸檬汁，這兩項調味料都會壞了魚子醬的風味。

6. 鯉魚（carp）

鯉魚家族是所有魚種中最多樣的（圖12-13），它原產於歐亞大陸，現已引進世界各地，並有許多人工飼育的種類，包括錦鯉就是後來發展出來的觀賞魚。鯉魚家族爲初級淡水魚，棲息於河川中下游、湖沼、水庫等水流靜止的地區，尤其喜好富營養之底層或水草繁生之水域。

儘管鯉魚肉質鮮美、多油脂，但它多刺。冬天的鯉魚最鮮美，要去除鯉魚的土腥味的話，在烹煮前最好先放在淡水中養幾天再料理。

如今為了市場需求，許多鯉魚都是人工飼養的，三歲大長到30公分左右，重1～2公斤的人工鯉魚是最甜美的清蒸佳餚。

圖12-13　鯉魚

7. 大鯰魚（sheatfish）

鯰魚頭寬至尾巴處身體逐漸變細，無鱗片，外部僅有魚皮覆蓋。鯰魚頭有八條觸鬚：上顎有兩條長觸鬚，下顎四條短的，鼻前另有兩條短的。可上桌的歐洲鯰魚（catfish）是幼鯰魚，重量約3公斤左右。鯰魚肉跟鮭魚一樣，幾乎無刺，色白且富含脂肪（11%），是餐桌上喜愛傳統淡水魚的首選。

五、甲殼類（crustaceans）的介紹

1. 蟹類（crabs）

蟹類終其一生都會待在同一地點居住，多半是在1～50公尺深、多沙、多碎石且寒冷的海底。歐洲蟹的捕獲地點多分佈在蘇格蘭、西班牙及法國西北部附近。在美國，鄧津蟹（Dungeness crabs）生長在太平洋沿岸，石蟹（Stone crabs）分佈在佛羅里達州，藍蟹（Blue crabs）則在大西洋沿岸；其中，Chesapeake灣還有Delaware灣的商業價值極高。軟殼蟹（molting blue）是藍蟹的一種，賴淡菜及海底生物維生，最佳的捕獲期是當蟹長到10～40公分長時（圖12-14）。

蟹類的身體雖大，但殼厚肉不多。蟹肉多分佈在蟹爪跟胸腔，肉質美味，所以蟹肉相當昂貴，惟膽固醇較高（cholesterol）。帝王蟹（king crab）殼上多刺，蟹腳、蟹殼還有爪子都是粉紅色。帝王蟹可長到1公尺，重量3～10公斤，公蟹比母蟹大。帝王蟹的肉多，各部位的肉幾乎都可食用（爪、腳、尾巴），其中最受歡迎的是腳部的蟹肉。冷凍的蟹肉罐頭有40%的肉來自腳部，60%來自身體，較好的罐裝帝王蟹肉則是來自俄國的產品。

圖12-14　蟹類

2. 龍蝦（lobster）

　　龍蝦是體型最大的甲殼類水生動物（圖12-15），多發現在大西洋沿海水域，或北歐到地中海。龍蝦有數個品種，活的顏色是深藍色，煮熟後轉為亮紅色。總之，不論是新鮮、熟凍或生凍，可以生吃、焗烤或蒸熟，它們都是餐桌上的美食佳餚。

圖12-15　龍蝦

淡水小龍蝦（freshwater crayfish），身寬、殼硬、胸腔部位的殼粗糙，其長度跟尾巴一般。淡水小龍蝦的顏色會因棲息地而有變化，顏色從橄欖綠到灰黑或灰綠都有。美國的河川、池塘、沼澤附近的小龍蝦（Galician crayfish）可長至10～15公分，重量介於80～140克之間。淡水小龍蝦的品質和味道取決於其居住地的水質純度及所吃的食物，一般而言，蟹肉多汁、柔嫩帶甜味，是許多鄉間打牙祭的美食。

3. 蝦類（shrimps）

蝦類身小微彎，尾部慢慢變尖，觸角很長，身長可至3～7公分。許多蝦的品種都是半透明的，顏色則因居住環境而有所不同。冰水保鮮的活蝦品質最佳，蝦肉多汁、清爽是老饕們的最愛。在餐飲領域，頂級大明蝦（prawn）或稱斑節蝦常被認定為大型蝦（15克以上），其肉質美味、口感佳，但易腐壞。所以北歐的深水蝦為了防腐，都是在船上馬上烹煮殺菁，以半成品來冷凍保存。

4. 淡菜、貽貝（mussels）

淡菜是貽貝科的貝肉；俗稱殼菜或青口。長橢圓形的外殼呈藍黑到深紫羅蘭色，內部則是白色帶些珍珠貝母的亮光。它是一種海洋性雙殼類的軟體動物，利用流經身體的海水進行呼吸和循環作用，順便帶進微小的生物、矽藻和有機碎屑做食料。貽貝有兩個閉殼肌呈柱型，常利用它和韌帶來開啟、關閉貝殼，縫隙就是足絲伸出的地方。貽貝雌雄異體，繁殖期隨品種和地區而有所不同，自從幼蟲變態成小貽貝後，就過著終生固著原地的生活。

淡菜是大眾化的海鮮食品，收獲後不易保存，所以常將其煮熟後加工乾製。淡菜的營養成份高，蛋白質含量高達59%，含有豐富的鈣、磷、鐵、鋅和維生素B等。自古貽貝類有藥食的價值，市場頗具經濟性，所以貽貝的養殖事業逐日盛行，尤其是北歐、北美及澳大利亞等地區，生產數量也相當大。

5. 牡蠣（oysters）

　　牡蠣：又稱生蠔、蚵仔，產於海水或鹹淡水交界處，以食浮游生物為生。牡蠣上殼較平，表面有溝槽，下殼較圓且深（圖12-16）。著名的品種有法國銅蠔、澳洲石蠔、太平洋蠔等，饕客多以生食為喜，佐以檸檬汁、辣汁或雞尾酒醬汁等，例如歐洲、美國等地。其他則以熟食為主，以食鹽為底的焗烤、煮湯等，常見於日本、韓國、臺灣等地。

圖12-16　生蠔

6. 扇貝（scallop）

　　扇貝的品種很多，全世界海洋都有其蹤跡。扇貝俗稱元貝，屬於雙殼類軟體動物，附在淺海岩石或沙質海底，其鮮艷多變有輻射狀花紋的貝殼（10～13公分）更受收藏者喜愛。在許多國家，扇貝是美食家的當選食材，尤其是它的貝柱（瑤柱）；俗稱帶子、干貝，更是價格不斐（圖12-17）。扇貝肉可以碳烤，或撒麵粉油炸，最經典的做法是溫煮後搭配奶油醬，盛在自己的貝殼裡上桌。

圖12-17　扇貝與干貝

7. 蝸牛（snails）

蝸牛幾乎是所有軟體動物中種類最多的品種，主要結構是由一個碳酸鈣螺旋狀的外殼和一個軟體，頭部上方有感應器官（feeler），不管是在陸地上、河裡、湖中甚至是海裡，隨處都可見其蹤跡（圖12-18）。

至於料理中可食性蝸牛（edible snails），真正用到的只有部分陸上蝸牛（land snails；*escargot de Bourgogne*）和少數海蝸牛（sea snails），現在最流行的是酒莊裡吃葡萄葉長大的白蝸牛（vineyard snails）。過去的農家多以蝸牛肉當桌上的家常便飯，如今蝸牛成了法國料理的珍饈，因野生蝸牛供不應求，現在開始有蝸牛園專門大量飼養蝸牛，處理好冷凍的罐裝品可以滿足市面的需求。

圖12-18　可食性蝸牛

六、軟體類（mollusks）的介紹

1. 墨魚（cuttlefish）

墨魚；俗稱魷魚、柔魚。其身形為長橢圓形，側邊有波浪鰭狀物，它的背部有類似斑馬線的條紋，體內有鈣化的殼。墨魚有十隻觸角，用來抓獵物的有兩隻，它是軟體動物頭足綱的動物。墨魚的最大特色是一旦遇到強敵會以「噴墨」做為逃生的工具，因此有「墨魚」

之稱。雖然墨魚的墨汁有毒素，可以用來麻痺敵害，但墨魚的天敵仍然存在，以海豚和抹香鯨為主。墨魚多在海沿岸可覓得，肉質雪白，口感柔嫩。

2. 烏賊（squid）

烏賊俗稱花枝，鎖管或稱小管，它們的身形比較修長，體內有一船形不透明的石灰質軟骨硬鞘，外層有十隻觸角及大長方形的尾鰭，顏色從淡米黃色到淡紫羅蘭色都有。市面上的烏賊種類繁多，重量約在100～800克之間（圖12-19）。

不論是墨魚還是烏賊，它們都是常見的海鮮食材，既可煎炒做菜，亦可生吃做沙拉。例如：花枝丸、花枝卷、生炒花枝、花枝羹、滷水墨魚、海鮮羹等，歐式西班牙海鮮燴飯裏有烏賊，有時還會利用墨魚汁來做通心麵的顏色或醬料哩！

圖12-19　小管

西餐實習菜單

Lab Menu#12
Recipe 12-1: Broiled Lobster
Recipe 12-2: Paella Valenciana

Lab Recipe12-1 Portion: 8	Broiled Lobster		
ITEM#	INGREDIENT DESCRIPTION	QUANTITY	
1.	Lobster, frozen	4	ea
2.	Butter	60	gm
3.	Shallot, chopped fine	110	gm
4.	Garlic, chopped fine	110	gm
5.	Brandy	2	tbsp
6	White wine	3	tbsp
7	Bread crumbs, dry	40	gm
8.	Chopped parsley	20	gm
9.	Salt & pepper	dash	
10.	Lemon, wedges	1	ea

Mise en place
1. Unfreeze and split lobster in half, remove and discard tomalley (liver) and vein.
2. Cut meat into bite size.

Method
1. Sauté chopped shallot and garlic in butter. Add wine and Cognac to flame.
2. Add meat and parsley as stuffing, season with salt & pepper to taste.
3. Place lobster shell side down on a sheet pan, and fill the body cavity with stuffing. Top with bread crumbs.
4. Broil in the salamander until crumb is golden brown.
5. Remove the lobster from heat, and serve immediately.
6. Garnish with a lemon wedge.

Pieces = pcs; each = ea; gram = gm; milliliter = ml; table spoon = tbsp; tea spoon = tsp

	Lab Recipe12-2 Portion: 8	Paella Valenciana		
ITEM#	INGREDIENT DESCRIPTION	QUANTITY		
1	Chicken wings, raw	8	ea
2	Salt	dash	
3	Black pepper	dash	
4	Pork sausage, chorizo, or meatballs, raw	300	gm
5	Oil	2	tbsp
6	Prawns	16	ea
7	Squid	400	gm
8	Yellow bell pepper	1	ea
9	Garlic, cloves	4	ea
10	Onion, diced	200	gm
11	Tomatoes, big, red	300	gm
12	Small clams, shells scrubbed, live	8	ea
13	Mussels, shells scrubbed, live	8	ea
14	Water	3	cup
15	Demi-glace	1	tbsp
16	Saffron threads	1 1/2	tsp
17	Basmati rice	400	gm
18.	Green beans	150	gm

Mise en place

1. Split pork sausage, and divide meat into small balls.
2. Clean squid, and cut into rings.
3. Stemmed, seeded and cut bell pepper into thin strips lengthwise.
4. Peeled, seeded and chopped tomatoes.
5. Clean and trimmed green beans ends, cut into 2 cm pieces.
6. Clean clams and mussels. Cook them in water (2 3/4 Cup) until open. Discard any do not open. Reserve the liquid.

Method

1. Pat dry chicken drumsticks with salt and pepper.
2. Heat oil in a pan, sauté chicken and sausage balls over medium high heat until golden. Remove meat to a colander.
3. Cook prawns, squid, and yellow pepper as the same way.
4. Sauté garlic and onion until golden, add tomatoes, and cook quickly until thicken. (tomato sauce)
5. In a paella pan, bring the clam liquid and demi-glace to a boil. Add saffron threads, rice and tomato sauce, sauté for 2 to 3 minutes, stirring.
6. Add sausage balls, chicken drumsticks, green beans evenly, cook over medium-low heat for 20 minutes.
7. Five minutes before cooking time is up, add seafood and pepper on top.
8. Turn off heat and let it sit for 10 minutes before serving.

Pieces = pcs; each = ea; gram = gm; milliliter = ml; table spoon = tbsp; tea spoon = tsp

第十三章

澱粉類主食
Starches; Rice, Pasta, Bread & Potato

穀類植物（cereals）乃根據羅馬農神賽麗絲（Ceres）之名而得，其實，多數穀類的祖先都是來自禾本科植物；當時視為野草。第一批發展出來的穀類可能是燕麥，因為西元前5000年美索不達米亞就提到它了。之後發展出來的小麥，帶動數千年來不同的品種的發展。

穀類所提供的澱粉質是人類不可或缺的營養成份之一。稻米是全球半數人口的主食，其他重要的穀類還有：小麥、裸麥、大麥、黑麥、燕麥、小米、玉米與馬鈴薯等。中國古人也有所謂的五穀雜糧：稻、麥、禾（粟）、稷（高粱）、菽（豆類），可見其地位。至於何時耕種何物，則完全依土壤和氣候而定了。

一、稻米（rice）

人類種植稻米有五千年的歷史，最先開始種植的是熱帶及亞熱帶區域的中國、印度、東南亞、美國、拉丁美洲與南美洲等地，因為稻米是屬於潮濕高溫的農作物。

剛收成的米叫生米（raw rice）；即未碾過的稻穀。處理的第一步驟就是先去掉穀，此時的米尚未磨光（polished）；叫做糙米（brown rice）。糙米擁有豐富的維生素、礦物質、蛋白質與脂肪，磨光後口感細緻，就是最基本可銷售的白米（white rice）。市面上

還有適合做點心的軟黏白／紫糯米（glutinous rice），流行的健康米、改良米或發芽糙米（converted rice）可以選用。

　　米粒依尺寸大小可分為三類：⑴圓米；短米（round；short grain）長度不超過4-5mm，長度是寬度的1.5～2.5倍，這種米多產自義大利的Originario與Camolino等地，最主要的產地還是在遠東地區。⑵中長米（medium grain）約5-7mm長，長度是寬度的2～3倍，主要產地是義大利、美國與阿根廷，例如：vialone、arborio與gamoli等。⑶長米（long grain）的長度稍長（6-8mm），長度是寬度的4～5倍，主要產區是美國跟亞洲地區，著名的米有Carolina、Siam-Patna、Basmati與Jasmine。

　　在東方的米食王國裡，米的加工品不勝枚舉，例如：營養的米麩（rice bran）、做湯圓的米粉（rice flour）、做年糕的米漿（rice starch liquid）、當爆米花或早餐穀物的米片（flakes, cereals, puff flake）等。米也可拿來釀製米酒（sake）及米醋（rice vinegar）幫助料理。在西餐的領域裡，著名的米食佳餚包括：Italian risotto、Greek rice pilaf、Spain Paella、Jambalaya、rice casserole、rice pudding、rice chicken soup等。

二、野米（wild rice, "water oat", "Indian rice"）

　　野米的主要產地在加拿大與美國五大湖附近；亞馬遜三角洲亦有，適合生長在炎熱夏季和溫和冬季的湖中。一般稱它為米，其實它是草科植物的種子。直至今日，野米還是野生生長的，傳統印地安人會滑著獨木舟，以兩支木棍彎折水中草枝，將草籽敲落在舟內收集（圖13-1），所以量少價格高。野米本身富含纖維、礦物質和維生素，可以當烤雞肚內的填充物，還可以當沙拉或配菜使用。

圖13-1　野米的收集

　　紅米（red rice, *red rize*）主產在南法，它是野米的一支。其紅棕色的外形為它贏得了紅米的雅稱，它有特殊的香味，煮出來的水也是紅色的，不但增添菜餚的風味，還是當今許多生技的研究對象。

三、小麥（wheat）（圖13-2）

　　硬質小麥（hard wheat）：多生長在有寒冬的溫帶地區，偶有短暫極熱的夏天。阿根廷、加拿大、美國是主要的產國，產品包括：小麥粗粉（semolina、dunst）、穀粉（farina）、麵粉（flour）、澱粉（starch）等。硬質小麥的麵粉多用在烘烤的麵包產品，特硬質小麥（semolina）則是擔任義大利通心粉的主角。Dunst指的是碾得很碎的粉粒，可以撒在粗麵包上當裝飾，還可加在湯或點心中增加稠度。Farina常用在布丁中，一如starch用在精緻糕點內，它們都是讓糕餅增加厚度的資源。

　　軟質小麥（soft wheat）：多生長在氣候溫和的環境中，偶有溫暖涼爽的夏天。主產國為法國、義大利、瑞士等地，常見的產品有：麵粉、小麥粒片、澱粉、小麥胚芽油等。軟質小麥的胚乳中含澱粉量較高，所以常用來做點心和糕餅，或增加醬料湯汁的稠度，也可拿

來增加麵包與烘培產品的厚度。習慣將小麥粒片和水果乾混合做早餐（muesli）或其他健康食品，小麥胚芽油則用在沙拉的配醬裡。

圖13-2　小麥

(一)麵包（bread）

酵母麵包（yeast bread）的基本定義是由全麥（可添加其他穀類）或純白麵粉，混合水、酵母與鹽後所發酵、烘烤出來的食品。若添加的膨漲原料是發粉類，短時間可完成的麵包則稱為quick bread。新鮮麵包的口感應該是有嚼勁的，若是外表粘稠、發酸或發霉就表示已經腐壞了。

麵包的製作過程繁瑣，原料的比例很重要，發酵時間則視酵母的量、室溫來決定，麵糰最後做分割、整型，再送進烤箱烘烤。一條麵包在烤後的體積會縮小10～20%，成品應放在涼爽、乾燥、通風的室內儲存，切面要用保鮮膜包好，以免乾硬。若麵包需長期儲存，就先用防潮紙包裝再做急速冷凍（攝氏-28度），儲存時間取決於食品的脂肪含量，解凍時也需遵守解凍的標準作業程序。如此，才能獲得品質完整的麵包。

麵包的種類很多（圖13-3），歐洲傳統知名長／橢圓／大的麵包有Basler、Berner、Zücher等，其他white bread（Parisette、Tessiner）、diet bread（low-salt、gluten-free、soy bread）、dinner roll

（Semmel、Schlumberger、Bürli）、hot bun、sweet bread、muf-fin、pancake、dumpling、doughnut、onion cheese bread、scone、pita bread（圖13-4）等，都是人們喜愛的主食。

圖13-3　歐洲傳統麵包

圖13-4　烤餅（pita bread）

(二)**義大利通心粉**（pasta, macaroni or noodle-dough products）

　　義大利通心粉的主要材料是杜蘭特硬質小麥（durum hard wheat），磨成高筋的小麥粗粉（semolina）後，可加些低筋麵粉、蛋、水、鹽來做pasta麵糰。一般而言，新鮮產品的麵粉跟液體的比例是10：3，如果使用乾燥儲藏的市售產品，內容物也多會標示含蛋

比例（5.3%）與含水比例（11-13%）。

　　南歐習慣做新鮮的含蛋麵糰（egg pasta），每公斤至少有150克的蛋成份，如果還有其他蔬菜、大豆粉或其他穀類，菜單上都必須標示清楚。製作時，麵粉跟水、鹽、蛋先混合在一起，然後用力在麵桌上不斷地搓揉，再用壓麵機反覆壓折（圖13-5），直到創造出質地密集、彈性佳、表面平順光滑且不透光的麵皮，才開始下一步的切割整型。Pasta的形狀千變萬化（表13-1），不論是義大利通心麵、麵條或餃子，添加的餡料都有異曲同工之妙。

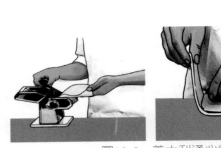

圖13-5　義大利通心粉麵皮的製作

　　如何煮pasta是一門學問，首先要用大量的滾水來煮義大利麵（最小比率是5：1），有人會每公升的水加10公克的鹽讓麵條更緊縮有彈性，常常攪拌可以讓麵條持續移動不黏鍋。煮的時間和水份的吸收依產品的不同而異，直到麵條「咬」起來有嚼勁時（*al dente*），就要將它撈起瀝乾，可加少許的橄欖油避免麵黏在一起。煮過的pasta體積會增加3.5～4倍之多，口味應該是清爽的，有小麥的香味。

　　著名的義大利通心粉產品極多，例如：通心麵（macaroni & cheese、macaroni salad）、義大利麵（spaghetti with meatball）、千層麵（lasagna）、蛋麵湯（egg noodle soup）、餃子（ravioli）、麵

疙瘩（gnocchi）等（表13-1），再搭配合適的醬料（番茄醬、松子青醬、奶油起司醬、羅勒醬、龍蝦醬、辣椒稀果醬等），只要趁熱趁新鮮吃完，都是讓人喜愛的荣餚。

表13-1　義大利通心粉產品

義大利細麵（Capellini）	呂契尼通心粉（Riccini）
小千層麵（Lasagnette）	螺絲狀通心粉（Cavatappi）
義大利直麵（Spaghetti）	雞冠狀通心粉（Cresti di Gallo）
義大利圓細麵（Fedeli）	搓草形通心粉（Gramigna）
義大利寬麵（Tagliatelle）	螺旋形布卡提通心粉（Fusilli Bucati）
義大利細寬麵（Tagliarini）	麵疙瘩（Gnocchi）
卡薩瑞齊亞麵（Casareccia）	稜紋管通心粉（Pipe Rigate）
長段維米切利（Lungo Vermicelli Coupe）	蝸牛通心粉（Lumache Medie）
費斯透那提麵（Festonati）	耳形通心粉（Orecchiette）
繭狀通心粉（Bozzoli）	扭絞形通心粉（Spirale）
蔬菜通心麵（Vegetable-dyed Macaroni）	環狀通心粉（Anelli）
沙丁魚麵疙瘩（Gnocchetti Sardi）	蝴蝶形通心粉（Farfalle）
螺旋形通心粉（Fusilli）	線紋通心粉（Rigatoni）
稜紋貝通心粉（Conchiglie）	通心麵（Macaroni）
帽形通心粉（Cappelletti）	細通心麵（Small Macaroni）
車輪狀通心粉（Ruoti）	筆尖形通心麵（Penne）
長管形通心粉（Tubetti Lunghi）	螺旋紋通心麵（Elicoidali）
短管通心麵（Ziti）	餃形通心粉（Torellini）
指套形通心粉（Ditali）	義大利餃（Ravioli）
千層麵（Lasagne）	義大利春捲（Cannelloni）
帕斯提納（Pastina）	

㈢Couscous & bulgur

　　將杜蘭特硬質小麥磨成小麥粗粉（semolina）後，先蒸半熟，再置入特殊的蒸粉器（couscousier）擠壓出小粒狀的半成品，餐廳稱它為「北非小米」（couscous），食用前先加熱水或高湯泡軟，可當副食或沙拉使用。此外，中東或西亞地區會將整顆麥粒先蒸過再乾燥，然後依需要程度碾碎成大小不同的顆粒，稱為bulgur。它不但攜帶保存方便，還可隨時泡熱水當副食，若混拌各式各樣切碎的新鮮蔬菜（洋蔥、香菜、薄荷等），即成在地的tabouli沙拉。　利亞人將碾碎的bulgar拌入優格，放在陽光下曬乾後，再將它磨成粉，隨時可以加些水煮成濃湯喝。黎巴嫩人將碾碎的bulgar拌些新鮮的洋蔥屑捏成一個空殼，再塞入羊肉　成魚雷狀kibbeh，油炸後都是流行的中東小點心。

四、裸麥（rye）

　　裸麥又稱黑麥，相對於小麥來說，裸麥更能適應高寒和乾旱的氣候，所以常見於高海拔的俄國、波蘭、德國等地。它在歐洲古代默默無聞，直到2000～3000年前在小亞細亞與小麥一起被收割時才被培養出來。裸麥和小麥的雜交品是小黑麥，它結合了兩種作物的特性，所以在中歐和東歐時常被用來做裸麥粗麵包的材料。此外，裸麥還被用來做動物飼料，製造乙醇（主要用來做燃料）和釀酒，例如俄國的伏特加和加拿大的威士忌都是使用裸麥為主要原料。

　　裸麥粗粉（coarse meal）跟小麥麵粉不同，它未篩去麩是鐵灰色的。裸麥中的半纖維素很高（14.6%），具有豐富的營養（蛋白質14.76%、脂肪2.5%、礦物質2%），裸麥粒片（cereals, puff flake）常被用來當健康食品使用。裸麥麵粉質地緊密、含有的氣泡較少，半

纖維素容易阻礙麵筋的架構形成，所以一定要加些酵母發酵才能做出麵包。裸麥粗麵包的顏色比較深，組織比較紮實，還有一種特別的香味。

五、大麥（barley）

大麥是禾本科植物，適應性強，比其他麥類都還要成長快熟。最老的野生品種雖然起源於中東，如今已是溫帶地區的主要農作物之一，主產國在俄國、加拿大、美國和法國。大麥可分為秋大麥和春大麥兩種，產品有雙稜、四稜、六稜之別。大麥含有較多的蛋白質，適合做人類糧食和動物飼料。麥芽（malt）是嫩枝的部分；含有較多的酶，所以常用來釀造啤酒，它是酵母代謝時所需糖分的主要來源。未篩去麩的粗磨粉則用來製作多穀類麵包，或用在湯或蔬菜類的料理中。

六、蕎麥（buckwheat）

蕎麥不屬於禾本科，它屬於蕎麥種的草本植物，種子呈三角形，被一個硬殼所包裹，去殼後可磨粉食用。蕎麥生長期短，可以在貧瘠的酸性土壤中生長，不需要太多的養分和氮素，但需要有充足的水分。蕎麥最早在西亞被人們種植，逐漸分佈到歐洲和亞洲，現在主要種植的國家有俄羅斯、中國、日本、波蘭、加拿大、巴西、南非和澳大利亞。

蕎麥麵粉比小麥麵粉的顏色深，法國人用來做黑麵包，日本人做蕎麥麵，朝鮮人做涼糕，波蘭人直接用未磨未去皮的種子做粥，俄羅斯人用發酵的蕎麥麵烙餡餅，法國人則做小薄餅當點心。近些年，廠

商用蕎麥取代其他糧食來釀造啤酒，可以降低啤酒中的含糖蛋白量，生產「無糖蛋白啤酒」給敏感的人飲用。

七、玉米（corn）

　　玉米生長在溫和的氣候中，但夏天比較需要乾熱。目前主要的生產國有美國、中國、巴西、墨西哥、歐洲和非洲。新鮮的玉米穗（cobs）可拿來煮或烤，小的未成熟的還可以做成罐頭或泡在醋中醃製。完整的玉米仁（kernels）可以冷凍或做成罐頭，或當蔬菜配料，或加在沙拉中食用。玉米片（corn flakes）和粗玉米粒（grits）是早餐的穀品或粥品，未過篩的粗玉米粉（corn meal）則可用來煮成熱粥，或放涼後切片煎烤當玉米糕（polenta）。玉米澱粉（corn flour）可使醬汁或湯變黏稠，還可以做布丁。至於玉米油（corn oil）則多用來烹炒或製作沙拉醬。

　　傳統上都以手工製作墨西哥薄餅（flat breads, tortillas）（圖13-6），首先將乾的玉米粒泡在石灰溶液裡，加熱後顆粒表皮破裂，將退去外皮的玉米粒（nixtamal）放在一個厚石板上磨成粉（masa harina）。玉米粉加水揉成麵糰後，先分割成小圓球，再輕拍成一片直徑約15～20公分的扁平圓皮，在鐵盤或平底鍋上加少許豬油，煎成鬆軟或香脆口味的tortillas薄餅。著名的墨西哥美食都與tortillas有關，例如：tacos, soft-tacos, enchiladas, burritos, nachos, tostadas, tortilla chips等（圖13-7）。

圖13-6　傳統墨西哥薄餅的手工製作

圖13-7　墨西哥enchiladas和tacos

八、小米（millet）

在中國北方，禾本科黍屬的粟，俗稱黃米或小米。其生長期短，耐寒耐旱耐貧瘠，淡黃色籽實形小，磨米去皮後可做為飼料和穀物。中國自古的五穀雜糧中即有禾（粟）一項，歷史上也曾視其為御用食品，因此又稱為御穀。夏和商代屬於「粟文化」，中國最早的酒也是用小米釀造的。在非洲，珍珠粟（pearl millet）營養豐富，種子可用來做餅，屬於他們主要的糧食作物。

黍類在中世紀的歐洲是主要穀物，在亞洲、俄羅斯和西非屬於重要的農作物，在美國和西歐也是牧草或乾草的來源。黍類的碳水化合

物不高，但蛋白質（6～11%）與脂肪（1.5～5%）含量高，且富含礦物質。黍類味濃質黏，通常不用來做膨鬆麵包，主要用在熬粥或米飯。南歐會用它做燉飯（risotto），美國主要加在冷／熱的早餐穀類中。許多人放在素食料理上，也可以加在嬰兒食品裡。

九、燕麥（oats）

燕麥為一年生禾本科植物，成熟時內外稃緊抱子粒，不容易分離。燕麥生長能承受較多的雨水，所以大多種在冷濕的高緯度溫帶地區，例如俄國、美國、加拿大、波蘭、瑞士等。古時候只有不得已才種燕麥來餵馬，如今隨著需求增加，許多適宜地區反而擴大了種植面積。

主要原因是燕麥被現代人視為健康食品，它是所有穀類中脂肪含量最高的，且富含蛋白質。由於燕麥在加工過程中，保留較多的外表層纖維，多食可促進腸胃道蠕動，增加糞便體積，具有降低膽固醇及三酸甘油脂的功效。

燕麥在西方餐食中主要是煮熱的麥片粥，俄羅斯人喜歡用蒸過的燕麥碎粒（steel-cut oats，乾的、粗略碾碎的）做特色風味黑麵包，價格比小麥粉做的白麵包昂貴許多。燕麥還可以釀造啤酒和威士忌，著名的蘇格蘭威士忌酒就是用燕麥釀造的。

生鮮的燕麥粒是圓形的，加工品乃將其蒸熟，在熱板上碾平（變成一片一片的形狀），再乾燥處理為燕麥片（rolled oats）。許多人習慣吃即沖燕麥片（instant oats）或速煮燕麥片（quick oats）當早餐，因為已經熟了，所以簡單沖泡即可上桌。

十、馬鈴薯（potato）

　　馬鈴薯的人工栽培最早可追溯到大約公元前5000年的祕魯南部地區，南美的印加帝國曾在不同的氣候區栽種馬鈴薯。西班牙的航海探險家在1573年時將第一批馬鈴薯帶回西班牙，十八世紀時經愛爾蘭的殖民，馬鈴薯又回到了北美洲。如今，馬鈴薯在全球都有栽種，中國人稱它為洋芋或土豆（圖13-8）。

圖13-8　馬鈴薯

　　馬鈴薯的地下塊莖可供食用，是全球第三大重要的糧食作物，僅次於小麥和玉米。馬鈴薯用塊莖繁殖，性喜冷涼高燥。對土壤的適應性很強，疏鬆肥沃的砂質土尤佳。馬鈴薯收穫後可延用到第二年秋天，儲存時儘量避免光和濕冷，乾燥環境較佳，冬季要防凍，春季要避免發芽。

　　馬鈴薯具有很高的營養和藥用價值，不但富含大量的碳水化合物，能供給人體足夠的熱能，更含豐富的蛋白質、礦物質（磷、鈣等）、維生素等成份，有「地下蘋果」之稱。但，馬鈴薯含有一些有毒的生物鹼，發芽的馬鈴薯芽眼四周和見光變綠部位，食用可能會中毒。

　　基於組織特性與烹飪方式，馬鈴薯可分為A、B、C三大類：A類馬鈴薯比較年輕，表皮溼潤呈綠色，澱粉含量低，質地紮實，烹煮後

可保持原形不會散開，多拿來做沙拉。B類馬鈴薯類似中年，含中度的澱粉量，可拿來做一般用途使用，或炸或蒸皆適宜。C類馬鈴薯比較老，表皮呈淡褐色，質地乾燥含粗粉顆粒多，澱粉含量高，水煮時易散開，所以多拿來烘烤。

　　馬鈴薯在飲食料理中扮演著重要的角色，因為它們的味道中性，不但有很多種製備的方式，更適合與其他材料搭配，味道和諧。馬鈴薯是一種多用途的食材，可當糧食亦可當蔬菜。但鮮薯塊莖體積大，含水量高，運輸和長期儲存不容易。為此，世界各國十分重視馬鈴薯的加工食品，例如：冷凍馬鈴薯炸條、炸片、速溶馬鈴薯全粉、澱粉及不同型式的糕點等。

西餐實習菜單

Lab Menu#13

Recipe 13-1: Onion Cheese Bread

Recipe 13-2: Italian Focaccia Bread

Recipe 13-3: Porcini Risotto

Lab Recipe13-1 *Portion: 8*	**Onion Cheese Bread**		
ITEM#	INGREDIENT DESCRIPTION	QUANTITY	
1	Flour	310	gm
2	Sugar	28	gm
3	Baking powder	12	gm
4	Salt	2/3	tsp
5	Milk	275	ml
6	Oil	60	gm
7	Egg	2	ea
8	Onion	140	gm
9	Cheddar cheese	180	gm
10	Parsley	2	tsp

Mise en place

1. Heat oven to 232°C and grease each baking tray.
2. Sift flour and baking powder together.
3. Wash parsley, remove stems, and chop leaves. Use cheesecloth strain juice.
4. Chop onion.
5. Shred Cheddar cheese.

Method

1. Use salad oil to sauté onion, drain.
2. In big bowl, combine milk, egg, and oil first. Add flour, sugar, baking powder, and salt later.
3. Add parsley, 1/2onion, and 1/2cheese. Make batter.
4. Pour batter into prepared pan, top with rest 1/2onion and 1/2cheese.
5. Bake about 25 min or until toothpick inserted in center comes out clean.

Pieces = pcs; each = ea; gram = gm; milliliter = ml; table spoon = tbsp; tea spoon = tsp

Lab Recipe13-2 Portion: 8	Italian Focaccia Bread		
ITEM#	**INGREDIENT DESCRIPTION**	**QUANTITY**	
1.	Water, warm (30℃)	175	ml
2.	Fasten yeast	15	gm
3.	Onion	60	gm
4.	All-purpose flour	375	gm
5.	Oil	50	ml
6	Table salt	1	tsp
7	Sage leaves	1	tsp
8.	Rosemary	1	tsp
9.	Coarse salt	dash	

Mise en place

1. Preheat oven to 180℃.
2. Grease baking pans, set aside.
3. Mince onion.

Method

1. In saucepan, sauté onion until tender, reserve onion without liquid.
2. In large bowl, combine water and yeast first, then add flour, onion, 4/5 oil, table salt, and herbs. Make dough by hand or by machine.
3. Turn out dough on lightly floured surface; knead until dough is smooth and elastic.
4. Cover and let rise until doubled in size.
5. Roll the dough out into a 30cm circle. Use fingertip poke the dough at 2 cm intervals. Brush with rest of 1/5 oil, sprinkle with coarse salt.
6. Bake at 200℃ about 20 minutes or until golden brown.

Pieces = pcs; each = ea; gram = gm; milliliter = ml; table spoon = tbsp; tea spoon = tsp

Lab Recip13-3 *Portion: 8*	**Porcini Risotto**		
ITEM#	INGREDIENT DESCRIPTION	QUANTITY	
1	Garlic, crushed	3	ea
2.	Onion, finely chopped	120	gm
3.	Oil	40	ml
4.	Basmati rice	400	gm
5.	Dried Porcini	30	gm
6.	Bouillon	4	cup
7.	Bay leaf	2	ea
8.	Sage leaves	2	tsp
9.	White wine	80	ml
10.	Butter, cold	30	gm
11	Grated Cheddar cheese	40	gm
12.	Salt & pepper	to taste	

Mise en place

1. Chop garlic and onion finely.
2. Chop dried Porcini and sage leaves.

Method

1. Sauté the onion and garlic in oil until translucent.
2. Add rice, chopped dried Porcini, bay leaf, and sage leaves. Sauté briefly.
3. Add hot bouillon in small amounts, bringing to a simmer each time and stirring with a wooden spoon.
4. Simmer for 10-15 minutes, until all liquid is absorbed (al dente).
5. Fold in white wine, cold butter, and grated Cheddar cheese carefully.
6. Season to taste with salt and pepper.

Pieces = pcs; each = ea; gram = gm; milliliter = ml; table spoon = tbsp; tea spoon = tsp

西餐製備（法／中文）用詞

1. Préparation(Les Manières de preparation) 準備，前製工作				
sécher = laisser désécher 使乾燥	(bien) nettoyer 洗（乾淨）	Rincer 洗滌（沖水）	égoutter 瀝乾	essuyer 擦乾
laver 洗	découper (= couper) les tomates sans les détacher 切番茄而不全切開			
couper en 切成dés丁 / (petites) tranches（薄）片 / (petites) morceaux小塊 / fines rondelles 小圓形 / deux 兩段 / fines lanières 細絲 / carrés (minces)（薄）方形 / (petites) cubes（小）方塊				
écraser le jaune à fourchette 用叉子壓碎蛋黃 peler = éplucher 剝皮 ou 削皮				
râper finement (les carottes) 銼細（紅蘿蔔）			égrener去籽	remplir 盛滿
creuser l'intérieur 刨空	égaliser le dessous 將下面修平整	mélanger avec (à la crème) 與（鮮奶油）混合		disposer 整理 / 鋪盤
émincer = verser sur ... 切肉成薄	pocher les oeufs 在沸水中煮蛋			ébarber 切齊
farcir 填塞菜肉餡	saupoudrer (de sel) 灑（鹽）	écaler les oeufs 去蛋殼	點綴插入（fourrer ...... de (salade)（沙拉）	
additionner à la mayonnaise 加入美奶滋	garnir 裝飾		diviser le chou-fleur 分開花椰菜	
en bouquets 成一朵朵	verser sur (un plat) 淋在（菜餚上）	enlever les côtes 除筋	hâcher finement 剁細	casser un oeuf 打蛋
répartir 分配	décordiquer les crevettes 剝蝦殼		abaisser la pâte 壓扁麵團	
couvrir de...... 鋪上	ranger 排列 / 擺盤	mixer = passer au mixer 以果汁機攪拌		

1. Préparation(Les Manières de preparation) 準備，前製工作			
préparer une pâte à frire (avec la farine)（和麵粉）做炸麵團	(tomatoes) farcies 加餡蕃茄	laisser reposer la pâte 1 heure 醒麵糰放置一小時	
pincer le bord 夾住（捏花邊）	battre le jaune d'oeuf au fouet 以打蛋器打到起泡	veau hâché 小牛肉絞肉	faire rissoler 烤／煎至金黃	laisser mariner 用佐料浸漬
dresser sur un plat 裝飾菜餚 disposer ... sur = mettre sur ... = placer sur ... 放在…上			

2. Cuisson, Les manières de préparation 烹調，製備				
cuire doucement 用慢火燉	laisser cuire 10 minutes 煮10分鐘	faire cuire à l'eau bouillante = faire bouillir 煮沸	mettre au four = cuire au four 烤	flamber au cognac 加白蘭地大火燒
faire mijoter 用文火慢燉	laisser bouillir 煮沸	souffler 烤到澎起來	mettre au gril (= griller) une douzaine minutes 在鐵格架上烤十幾分鐘	
truffer 蒸煮	étuver 蒸	faire rôtir 烘烤	égouter 瀝乾	saler 加鹽
laisser tiétir---laisser refroidir 降溫---冷卻		faire dorer (les toasts) 浸蛋汁（在土司上）	mettre au four 放入烤箱	
faire blondir sans brunir 烤至金黃而不焦		faire revenir (les échalotes) dans l'huile 在油裡翻炒（紅蔥）	retirer du feu 離開爐火	
assaisonner 加調味料	faire rissoler (le lard) 烤黃	laisser frémir 微滾	beurrer = mettre fondre le beurre dans... 塗奶油在	
poivrer 加胡椒	ajouter...... 加入	verser 倒／灌入	chauffer 加熱	bien remuer 攪動
frire = plonger dans la friture 炸／放進油鍋		délayer levure 稀釋酵母粉	faire revenir à l'huile / à feu vif / doux 用油／大火／小火炒	
faire rouler 滾動	pôeler 烤	braiser 烘烤	fumer 煙燻	farcir 填塞

2. Cuisson, Les manières de préparation 烹調，製備				
gratiner 灑乾麵包或乾乳酪烘烤	laisser couler 使沈澱	faire cuire à vapeur 蒸	lier la sauce avec la crème fraîche 醬料中加入鮮奶油使濃稠	
fricasser 燴	geler 結凍	faire sauter 翻炒	retourner 翻面	ajouter 加入
servir avec (la vinaigrette) 配……吃	décorer avec la mayonnaise 以美奶滋裝飾	accompagner de salade 配上沙拉菜	arrosser (de vinaigrette) 澆上酸醋調味料	laisser 1 heure au réfrigérateur 放在冰箱一小時
canneler 飾以凹槽	souflé （烤，炸得）發泡的	mettre sur le feu 放在火上	mettre au four 放進烤箱	à la meunière 沾麵粉炸
flambé 燒烤	rôtir 烤	verser 倒	grillé 烤肉或魚	pôelé （乾鍋）烤
gratiné （撒麵包屑或乾酪絲）烘烤	cuire à vapeur 煮開	feuilleté 千層狀的	faire la cuisine 煮菜	faire à manger 煮飯（三餐）
frire 煎，炸	sauté 大火快炒	étuvé 蒸，煨，燉	braisé 煨	fricassé 燴
fumé 煙燻	gelé 凍狀	préparer 準備	à la maison 自製	couper 切
laver 洗	cru 生的	frais 新鮮的	râpeé 銼	mariné 醃
épluché = peleé 削皮，剝殼	coupeé en tranches 切片	farci 填塞餡料	truffé 塞滿	

3. Les ustensiles de cuisine et les couverts 廚具與餐具				
une poêle 長柄大平底鍋	une casserole 有柄平底湯鍋	un poêlon 長柄小平底鍋	une marmite 雙耳湯鍋	une sauteuse "walk" 中式炒鍋
le frigo 冰箱	le four 烤爐	les plaquesle 電盤	réchaud 電爐	une cocotte 燉鍋
le réchaud à gaz 瓦斯爐	le réchaud à electrique 電爐	le chauffe-eau électrique 電熱棒	le chauffe-plats 菜餚保溫器	le bassin de porcelaine 瓷盆

3. Les ustensiles de cuisine et les couverts 廚具與餐具

un presse-fruits 搾果汁機	la machine à hâcher 切碎機	le hâche-viande 切肉機	le moulin à café 磨咖啡器	le moulin à poivre 磨胡椒器
le gril 烤架	le billot 砧板	la planche 木板	un évier 洗碗槽	un couteau 刀
la broche 烤肉鐵叉	le lave-vaisselle 洗碗機	une cocotte minute 壓力鍋	un autocuiseur à riz 電鍋	un cuiseur vapeur 蒸籠
un tire-bouchon 拔瓶蓋用的螺絲起子	un saladier = une saladière 沙拉盤	une soupière 有蓋有耳的大湯碗	un pot à lait 牛奶壺	
le couteau de cuisine 菜刀	un cuiller/une cuillère 湯匙	une cuillère à café 茶匙	une cuillère à soupe 湯匙	une louche 大湯勺
une fourchette 叉	une serviette 餐巾	un verre 玻璃杯	une tasse 咖啡杯	une assiette 湯盤
une carafe 長頸水瓶	une bouteille 細頸瓶	une soucoupe 咖啡盤	une sousoupe 茶碟	une cafetière 咖啡壺
un plateau 托盤	un bol 碗	une théière 茶壺	un poivrier 胡椒罐	un sucrier 糖罐

4. Les légumes (m) 蔬菜

des petit pois(m) 豌豆	des haricots verts(m) 四季豆	des poireaux (m) 長蒜苗	une pomme de terre 馬鈴薯	des pomme chips (f) 洋芋片
des frites(f) 薯條	la purée 馬鈴薯泥	une carotte 胡蘿蔔	une laitue 萵苣	une asperge 蘆筍
un chou blanc 高麗菜	un chou chinois 包心菜	un chou-fleur 花椰菜	des épinards (m) 菠菜	un champignon 菇類
un artichaut 朝鮮薊	des brocolis (m) （綠花菜）洋菜花	un radis 櫻桃蘿蔔	un concombre 小黃瓜	un avocat 鄂梨（酪梨）

4. Les légumes (m) 蔬菜

du maïs 玉米	un ravet 白蘿蔔	une tomate 蕃茄	le riz 米	la salade 沙拉菜
des crudités 什錦生菜		la courgette 胡瓜	le poireau 長蒜苗	

5. Les fruits (m) 水果

une pomme 蘋果	une poire 西洋梨	un abricot 杏仁	une pêche 桃子	une prune 李子
du raisin 葡萄	un melon 甜瓜	un ananas 鳳梨	une banane 香蕉	une orange 橙
un pamplemousse 葡萄柚	une mandarine 橘子	une framboise （木莓）覆盆子	une mûre 黑莓（桑椹）	le cassis 黑醋莓（小藍莓）
un citron 檸檬	une fraise 草莓	une cerise 櫻桃	la nectarine(un brugnon) 玫瑰桃	
la confituire d'orange 柳橙果醬		la confiture 果醬		

6. Les condiments et les fines herbes 調味料及香料

le sel 鹽	le poivre 胡椒	le sucre 糖	la moutarde 芥末	le vinaigre 醋
l'huile(f) 植物油	l'aïl(m) 蒜頭	un oignon 洋蔥	les épices(f) 香料	le persil 荷蘭芹
le thym 麝香草	le basilic 紫蘇	le poivreau 蒜	le gingembre 薑	la sauce 醬汁
la ciboulette / les petits oignons 蔥	une feuille de laurier 月桂葉	la noix de muscade 肉荳蔻	la mayonnaise 美奶滋	la vinaigrette 法式沙拉醬

7.La viande 肉類

le porc 豬肉	le veau 小牛肉	le boeuf 牛肉	le mouton 羊肉	le poulet 雞肉

7.La viande 肉類				
l'agneau(m) 小羊肉	la viande de cheval 馬肉	la volaille 禽肉（所有雞鴨總稱）	les escargots (m) 蝸牛	un saucisson 義大利式臘腸
la poule 老母雞	la dinde 火雞肉	le canard 鴨肉	une saucisse 香腸	le jambon 火腿
des saucisses 細香腸	le pâté 餡餅 / 肉凍	le foie gras 鵝肝醬	le hamburger 漢堡	le boudin blanc / noir 德國香腸
des cuisses de grenouille(f) 青蛙腿	un steak 牛排（全熟 / 五分熟 / 帶血）bien cuit / à point / saignant			

8. Le poisson 魚類				
le merlan 鱈魚	la morue 鱈魚	la sole 鰈	le thon 鮪魚	la truite 鱒魚
des sardines(f) 沙丁魚	la saumon fumé 燻鮭魚	les fruits de mer(m) 海鮮	les crevettes(f) 小蝦	les moules(f) 淡菜
le homard 龍蝦	les huîtres(f) 生蠔	un escalope 扇蛤	la crabe 螃蟹	ecrevisse 螯蝦
une langouste 大龍蝦		langoustine 蝦	bisque de homard 螯蝦	

9. La soupe 湯				
la bouillabaisse 普洛斯旺魚湯	le consommé 清燉肉湯	le potage 蔬菜濃湯	la soupe à l'oignon 洋蔥湯	

10. Les oeufs(m) 蛋				
un oeuf à lq coque 水煮蛋	un oeuf sur le plat 煎蛋	des oeuf à la jambon 火腿蛋	des oeufs brouillés 炒蛋	une omelette 歐姆式烘蛋

11. Les pâtes(f) 麵食類

les nouilles(f) 麵條	les spaghetti (m) 義大利麵	les macaroni (m) 通心麵	pain de mie 軟心土司	la baguette 法國麵包
pain blanc 麵包	pain de campagne 果仁麵包		La baguette 法國麵包	
une tartine au miel 蜂蜜奶油麵包			le croissant 牛角麵包,可頌	
du pain grillé 烤麵包			une tartine 塗奶油的麵包	
les corn-flakes(m) 玉米片			les biscottes 麵包乾	

12. Les desserts 點心

une patisserie 蛋糕	une tarte aux pommes 蘋果派	une glace à la vanille 香草冰淇淋	la margarine 人造奶油	la crème glacée 冰淇淋
une crêpe 煎餅	la glace 冰淇淋	un yaourt 優格	le beurre 奶油	le miel 蜂蜜

13. Les douceurs 甜食

le chocolat 巧克力	le chocolat au lait 牛奶巧克力	le chewing-gum 口香糖	les biscuits(m) 餅乾	les petits gâteaux 餅乾
une tablette de chocolat 一排巧克力			les bonbons (m) à la menthe(m) 薄荷糖	

14. Les boissons 飲料

l'eau(f) 水	le lait 牛奶	le thé 茶	un coca 可樂	une bière 啤酒
l'eau minérale(f) 礦泉水	une eau minérale gazeuse (pétillante) 發泡式礦泉水		une eau minérale plate (= non-pétillante) 非發泡式礦泉水	
le lait écrémé 脫脂牛奶	un thé citron 檸檬茶	un apéritif 餐前酒	le café (noir) （黑）咖啡	un café crème 加奶油的咖啡
un café au lait 法式咖啡牛奶	un chocolat (chaud) （熱）可可	un jus de fruit 果汁	un jus de pomme 蘋果汁	un jus d'orange 柳橙汁
le cidre 西打	le vin 葡萄酒	le vin rouge 紅酒	le vin blanc 白酒	du rosé 玫瑰紅酒

14. Les boissons 飲料

du rosé 玫瑰紅酒	le champagne 香檳		un thé au lait奶茶	un liqueur 烈酒

15. La nourriture et les verbes 用餐動詞

manger 吃	boire 喝	goûter 品嚐	prendre 食用	

16. Les goûts 味道

sucré 甜	salé 鹹	amer 苦	acide 酸	fort 辣
le parfum 味道，香味	lourd 油膩	(bien) épicé 口味重	fade 索然無味	

17. Les repas 餐點

le petit déjeuner 早餐	le déjeuner 午餐	le dîner 晚餐	le goûter 午茶	le pique-nique 野餐

18. Les différents plats 點菜及菜單內容

un sandwich 三明治	la specialitié 主廚推薦	à la carte 由客人點菜	le plat principal 主菜	le plat du jour 每日特餐
le dessert 點心	le fromage 乳酪	le menu 菜單	l'entrée(f) 前菜	
les hors-d'oeuvre(m) 冷盤				

19. Les maisons de specialité 專門店

le bistrot à vin 葡萄酒吧		le bistrot bière 啤酒吧	le glacier 冰淇淋店	la crêperie薄餅店
la boulangerie 麵包		le fast-food 速食店	la fromagerie 乳酪店	la pâtisserie 糕餅店
le restaurant 24h 24小時餐廳		la chocolat-erie 巧克力屋	le salon de thé 下午茶店	le self-service 自助餐廳
cuisine chinoise / française 中國 / 法式料理				

參考書目

中文

1. 大阪調理師專門學校，2002，《料理材料大圖鑑Marché》，永中國際股份有限公司。

2. 薛明敏，1988，《西洋烹飪-理論與實際》，明敏餐旅管理顧問有限公司。

英文

1. Bailey, A.，陳系貞譯，1999，《大廚食材完全指南（DK Pocket Encyclopedia: Cook's Ingredients）》，城邦文化事業股份有限公司。

2. Bremness, L.，何禮剛審定，1999，《藥用植物完全指南（DK Pocket Encyclopedia: Herbs）》，城邦文化事業股份有限公司。

3. Child, J., Bertholle, L., Beck, S. (1970). *Mastering the Art of French Cooking*. Amazon. Com. Inc.

4. *Cook's Thesaurus*: http://www.foodsubs.com/

5. *Culinary Encyclopedia*: http://www.ifood.tv

6. Gissley, W. (1999). *Professional Cooking*, 4th .John Wiley & Sons, Inc.

7. Herbst, S.T.，張德、黃薇莉譯，2004，《西餐專業字典（*Food Lover's Companion*）》，品度股份有限公司。

8. Kittler, P.G. & Sucher, K.P.，全中妤審譯，2004，《世界飲食文化–傳統與趨勢（*Cultural Foods – Traditions & Trends*）》，桂魯有限公司。

9. Labensky, S.R., Ingram, G.G., & Labensky, S.R.，李建禮譯，2005，《韋氏現代餐飲英漢字典（*Webster's New World Dictionary*

of Culinary Art）》，桂魯有限公司。

10. Labensky, S.R. & Hause, A.M.(1995). *On Cooing – a textbook of culinary fundamentals*. Prentice-Hall, Inc.

11. Oliver, J.，何修瑜譯，2012，《傑米‧奧利佛30分鐘上菜（*Jamie's 30 Minute Meals*）》，三采文化出版事業有限公司。

12. Pauli, P. (1999). *Classical Cooking: The Model Way*. John Wiley & Sons, Inc.

13. Peterson, J. (2000). *Essentials of Cooking*. Artisan A Division of Workman Publishing Company, Inc.

14. Rubash, J. (1990). *Master Dictionary of Food & Wine*. Van Nostrand Reinhold, New York.

15. The Culinary Institute of America (2006). *The Professional Chef*. John Wiley & Sons, Inc.

16. Turgeon, C. (ed) (1960). *The New Larousse Gastronomique. The Encyclopedia of Food, Wine, & Cookery*. Crown Publishers, Inc., New York.

17. Unklesbay, N.F., Maxcy, R.B., Knickrehm, M.E. etc. (1977). *Foodservice systems: Product flow and microbial quality and safety of foods*. (North Central Regional Research Publication No. 245). Columbia, MO: University of Missouri-Columbia College of Agriculture, Agriculture Experiment Station.

18. Wikipedia: http://en.wikipedia.org/

Note

Note

Note

國家圖書館出版品預行編目資料

西餐製備與實習／全中妤作. ——初版.——

臺北市：五南，2014.09

　面；　公分.

ISBN 978-957-11-7797-7（平裝）

1.烹飪　2.食譜

427　　　　　　　　　　　103016935

1L93　餐旅系列

西餐製備與實習

作　　　者 —	全中妤
發 行 人 —	楊榮川
總 編 輯 —	王翠華
主　　　編 —	黃惠娟
責任編輯 —	盧羿珊
封面設計 —	童安安

出 版 者 — 五南圖書出版股份有限公司

地　　　址：106台北市大安區和平東路二段339號4樓

電　　　話：(02) 2705-5066　　傳　　　真：(02) 2706-6100

網　　　址：http://www.wunan.com.tw

電子郵件：wunan@wunan.com.tw

劃撥帳號：19628053

戶　　　名：五南圖書出版股份有限公司

台中市駐區辦公室／台中市中區中山路6號

電　　　話：(04) 2223-0891　　傳　　　真：(04) 2223-3549

高雄市駐區辦公室／高雄市新興區中山一路290號

電　　　話：(07) 2358-702　　傳　　　真：(07) 2350-236

法律顧問　林勝安律師事務所　林勝安律師

出版日期　2014年9月初版一刷

定　　　價　新臺幣340元